筑苑 019

筑苑·中国明清会馆

赵逵 邢寓 黄燊 著

◎ 教育部人文社会科学研究规划基金“基于光谱信息学的‘青金石’到‘苏麻离青’颜料之路（新疆—甘肃段）古代艺术探源研究”，基金批准号：22YJAZH161

◎ 中国会馆建筑遗产保护研究中心
中国文物协会会馆专业委员会 支持

◎ 武汉华中科大建筑规划设计研究院有限公司 资助

中国建材工业出版社

图书在版编目（CIP）数据

中国明清会馆 / 赵逵，邢寓，黄燊著. -- 北京：中国建材工业出版社，2022.9
（筑苑）
ISBN 978-7-5160-3255-8

Ⅰ. ①中… Ⅱ. ①赵… ②邢… ③黄… Ⅲ. ①会馆公所－古建筑－研究－中国－明清时代 Ⅳ. ① TU-092.2

中国版本图书馆 CIP 数据核字（2021）第 131477 号

中国明清会馆
Zhongguo Mingqing Huiguan
赵逵 邢寓 黄燊 著

出版发行：中国建材工业出版社
地 址：北京市海淀区三里河路 11 号
邮政编码：100831
经 销：全国各地新华书店
印 刷：北京天恒嘉业印刷有限公司
开 本：710mm×1000mm 1/16
印 张：15
字 数：220 千字
版 次：2022 年 9 月第 1 版
印 次：2022 年 9 月第 1 次
定 价：**118.00 元**

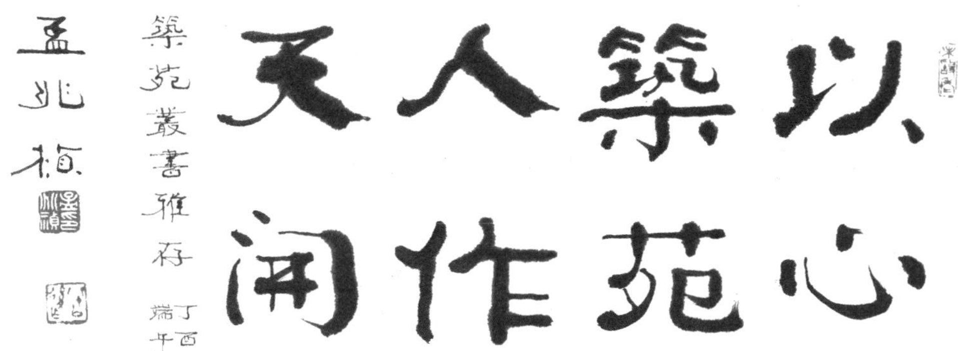

孟兆祯先生题字

中国工程院院士、北京林业大学教授

丁酉仲夏

文以載道

傳承創新

謝辰生題

時年九十又六

谢辰生先生题字

国家文物局顾问

筑苑 · 中国明清会馆

主办单位

中国建材工业出版社

扬州意匠轩园林古建筑营造股份有限公司

顾问总编

孟兆祯　陆元鼎　刘叙杰

特邀顾问

孙大章　路秉杰　单德启　姚　兵　刘秀晨　张　柏

编委会主任

陆　琦

编委会副主任

梁宝富　佟令玫

编委（按姓氏笔画排序）

马扎·索南周扎　王乃海　王向荣　王　军　王劲韬　王罗进　王　路

韦　一　龙　彬　卢永忠　朱宇晖　刘庭风　关瑞明　苏　锰　李　卫

李寿仁　李国新　李　浈　李晓峰　杨大禹　吴世雄　吴燕生　邹春雷

沈　雷　宋桂杰　张玉坤　陆文祥　陈　薇　范霄鹏　罗德胤　周立军

荀　建　姚　慧　秦建明　袁　强　徐怡芳　郭晓民　唐孝祥　黄列坚

黄亦工　崔文军　商自福　傅春燕　端木岐　戴志坚

本卷著者

赵逵　邢寓　黄燊

策划编辑

王天恒　时苏虹　杨烜子

版式设计

汇彩设计

投稿邮箱：yangxuanzi315@163.com

联系电话：010-57811265

筑苑微信公众号

作者简介

赵逵 华中科技大学建筑与城市规划学院教授、博士生导师，同济大学博士后，中国文物学会会馆专业委员会副会长，中国会馆建筑遗产保护研究中心主任，中国建筑学会民居建筑学术委员会学术委员，美国佛罗里达大学访问学者，国际古迹遗址理事会 ICOMOS 国际会员。研究方向为传统建筑与遗产保护、生态建筑与地域建筑；主持并参与多项国家自然科学基金项目。相继出版了《川盐古道——文化线路视野中的聚落与建筑》《“湖广填四川”移民通道上的会馆研究》《历史尘埃下的川盐古道》《山陕会馆与关帝庙》《天后宫与福建会馆》《中国古代盐道》等十多本著作，获得 3 项国家及省部级出版基金，在核心期刊上发表多篇相关论文，设计规划项目多次获得省部级奖励。

邢寓 华中科技大学建筑与城市规划学院硕士研究生，东南大学建筑学院在读博士研究生，在《城市规划》《城市建筑》等期刊上发表学术论文4篇，另发表有4篇会议论文；主要研究方向为中国明清传统会馆建筑、当代乡村振兴与乡村设计。

黄燊 华中科技大学建筑与城市规划学院硕士研究生，现就职于华南理工大学建筑设计研究院，先后多次对历史城镇、村落、建筑进行实地调研，其研究成果刊登于《城市规划》《建筑创作》等期刊，参与完成多个大型城市设计与建筑国际竞赛项目；发表的学术论文主要有：《从宗族到乡族：闽西客家古村芷溪的聚落演变研究》《从宗族到乡族：闽西芷溪古村跨宗族整合的事件空间与会社组织》《河北省邢台市路罗镇英谈古寨——国家历史文化名城研究中心历史街区调研》。

序

我们在渐渐失去很多记忆，我们供养躯体，安放自己的记忆；我们有时也会建一些建筑，供养神祇，安放同乡人共同的记忆。

会馆是在中国明清之际出现的非常华美的建筑类型，它是异乡人或同业者在客居地建立的一种特殊社会组织和活动场所，供奉家乡神祇，共叙乡情；它恢宏而精美，与异乡人的生活息息相关；它记录了城市商业的繁华、地域经济的兴衰、古代交通格局的变迁、区域文化间交往渗透的方式；它曾经成群成簇地散落在各地古镇村落，如今却淡出民众视野，很少被人谈起和关注。

（1）会馆存在于历史长河的哪个阶段？它作为外乡人心灵的寄托，又诉说着怎样的乡愁与记忆？

我们在古村落调研时发现，当地老人谈到的“九宫十八庙”“七宫八庙”，其实很多就是会馆，如禹王宫是湖广会馆，万寿宫是江西会馆，天后宫是福建会馆，王爷庙是船帮会馆。这些年，中国文物学会会馆专业委员会组织开展了对多个省份会馆的研究。我们团队对中国会馆系列制定了完整的调研计划，丛书系列正在陆续出版。目前已经出版了《天后宫与福建会馆》《山陕会馆与关帝庙》《湖广填四川移民通道上的巴蜀会馆研究等》，这本《中国明清会馆》算是对丛书系列研究的阶段性总结。

会馆是一种很特殊的建筑形式，它不同于宫庙、宫殿、民居建筑，但又多以宫庙的形式呈现，它产生于明代，而到了民国却逐渐消失了。会馆为什么会存在于这个时期？这和历史发展的进程有关，特别是和江河湖泽的治理活动有关。建造会馆的人主要有三类：移民、商人、行业工人。会馆的功能有点类似于现在的驻某地办事处和行业工会，在会馆里，来自同一省份或地区的乡亲聚集在一起，或者因共同的行业技能在外乡聚集，一方面能抱团取暖、联络乡情，另一方面能解决很多实际问题。会馆诞生的一个很重要的原因是交通打通但不是太便捷，又有大规模的人口流动。明代之前为什么没有会馆？因为在明代之前，中国整体的交通形势并不好，虽然我们常常看到唐宋诗人足迹遍布大江南北，但这是极少数、很特殊的人，大规模的人口迁徙很少。而整个中国的人口能够大规模流动起来，一个很重要的原因就是，直到明代，中国湖泽河流的水路交通格局才基本形成。这些年我们一直在做历史地图研究，明代以前，黄河河道摆动频繁，所过之处，航运冲断、百业凋敝；长江中下游的水泽非常多，基本都是一片片湖泽盆地，比如湖北、湖南过去统称“湖广省”，正是“湖泽广大之意”。这里周边山势都比较高，四周的河流全部都汇集到湖广中间的盆地，也就是洞庭湖、江汉平原、云梦泽区域，每到雨季，这里便连接成成片的水泽，河道淹没，航行困难。唐代孟浩然名句“气蒸云梦泽，波撼岳阳城。欲济无舟楫，端居耻圣明”，描绘的就是当时真实的地理场景：这里一逢雨季就成泽国，河道经常改变，对航运和农田耕种都很不利，人们无法行船，只能祈求圣明治水。所以人们从宋代就开始治水，沿着长江、汉水修筑堤坝，这是一项浩大的工程，经过几代人的努力，直到明清才陆续修建完整。堤坝固定了长江、汉水流域的航道，漫流的水系逐渐清晰，以前被淹的土地逐渐显露，形成肥沃的农田。大量土地出现后，可以容纳更多人口，而同一时期，与湖广相接的四川盆地也同样治水成功。于是出现了“江西填湖广、湖广填四川”的明清移民潮，大移民是会馆发展的“催化剂”。治水使泽地的水退去，江河水运变通畅是这次大移民更重要的原因，湖广移民会馆祭拜禹王、四川移民会馆祭拜李冰父子，都奉他们为治水的“神”。而巴蜀也是兴建会馆最多、最精美的区域。

晚清时期，铁路、公路兴起，逐渐取代水运，人们迁徙频繁、往来便利，对故土的思念、对同乡人的依赖大不如以往，乡神祭拜与现世需求渐行渐远，会馆便失去了乡愁土壤，逐渐淡出人们视野。

（2）会馆与水系河流、关口隘道有怎样的关系？

明清治水，主要在黄河、长江、西江、运河流域，重心在湖广盆地。湖广地区的交通打通后，实际上也打通了全国交通的格局，带动了全国从北向南的人口大流动，江西往西，山西、陕西往南通道都通了，商业随之发展起来，各地商帮活跃，会馆也就出现了。从调研来看，商道和移民通道上，会馆是最多的。比如长江、汉水、西江、运河、湘江水系，都是会馆密布的地方；另外，翻越秦岭、南岭、太行山、大别山、武陵山区的关口隘道亦是会馆聚集之地，如川盐古道、梅关古道、潇贺古道、太行八陉等，这些古道穿越山脉，连接水系，亦是古代商贸之道、移民之路。

（3）会馆建筑多以神祇命名，两者之间有什么关联吗？

会馆有着很强的文化输出和信仰输出的意味，在各地，会馆都是外乡人以神祇之名聚在一起，并以神祇之名进行管理的。即使在国外唐人街，你依然能看到这种现象，比如东南亚华人聚集处必然有天后宫、南华宫，这代表福建和两广移民较多；而欧美国家唐人街，关帝庙、文昌庙较多，这也是华人移民的典型文化特征，其实唐人街完全可以看作会馆形式在国外的衍生，会馆建筑融合体现出对故土的留恋和对新环境的适应。除了移民会馆，还有行业会馆，如木工行业祭拜鲁班，建轩辕宫；船工行业祭拜杨泗神，建杨泗庙、水府庙、王爷庙。神祇在古代社会生活中有着独特的地位，地方神和行业神更是对族群认知共识起着决定性作用，这是当代国人在无神论思维体系下很难理解的。会馆为人们提供祭拜地方神祇的空间，并以酬神之名娱乐乡众。

（4）会馆建筑既保留移出地的“原乡特色”，又融入移入地的“异乡文化”。

建筑都是因地制宜的，以巴蜀地区为例，它被群山环绕，体现出山地建筑的特色。会馆却很特殊，它由外乡人建造，自带异乡的文化基因，自成一套建造逻辑，但同时又要融入当地的文脉。会馆通常由酬神唱戏之所——戏楼、祭祀乡神之处——拜殿两大主体建筑和其他辅助用房组成，以院落组织空间、以群体形式布局。地处巴蜀地区的会馆则将这种布局形式与山势完美结合，形成独特的建筑空间层次，也给置身于其中的人一种节节升高的心理感受。如位于重庆东水门内的禹王宫就面向长江，依山而建，上下高差达十余米，整个建筑群和山势完美结合，借助于山体来烘托出恢弘的气势和居高临下的地位，从而达到一种凌驾于其他建筑之上的优越感。位于龙兴古镇的禹王宫随山势而展开，其地势较重庆湖广会馆略显平坦，但逐级上升的感觉犹在。而地处湖广地区的湖广会馆则通常是在平地上展开布局。此外，湖广会馆有着独特的装饰艺术，雕刻多以“水”为主题，不仅表现大禹治水的功勋，也突出湖广移民对故土的思恋之情。楹联也是如此，如重庆湖广会馆建筑群的禹王宫大门有“三江既奠，九州攸同”；洛带湖广会馆的正中大门的方形石柱上刻有“传子即传贤，天下为公同尧舜；治国先治水，山川永奠重湖湘”。洛带湖广会馆正殿有“看大江东去穿洞庭出鄂渚水天同一色纪功原是故乡梦，策匹马西来寻石纽问涂山圣迹几千里望古应知明月远”。

（5）各类会馆的特色总结。

目前国内遗留会馆数量最多的是江西会馆万寿宫，这与“江西填湖广、湖广填四川”大移民息息相关；海外遗留数量最多的是福建会馆天后宫，几乎有华人聚集的海外地区都有天后宫；遗留会馆最华丽的是山陕会馆关帝庙，这与明代“开中制”有关，即在边关“以盐中粮”“以盐中茶”“以盐中铁”政策使山陕商人得以经营国家专控的盐、铁、茶、粮的特殊贸易，成为明清最富有的商人集团，因而有能力营建当时最华丽的系列会馆；分布最广的会馆是船帮会馆，作为独特的行业会馆，所有大江大河水运繁忙之地，都能看到各种船帮会馆，如洞庭湖流域的水府庙、禹王宫，汉水流域的杨泗庙、长江流域的王爷庙，大多是各类船帮会馆的别称。另外，盐帮的盐神庙、药帮的药王庙、木匠帮的轩辕宫、屠夫帮的张爷庙等，也是极具特色的行业会馆，本书都有详细介绍。

会馆研究具有鲜明的地域特征和乡土文化特征，我们从建筑和实物考古入手，通过线路研究、历史地图研究，分省份、行业、流域，对它进行全面摸底梳理。不同的会馆背后有着不同的文化，构成了中华民族丰富而博大的文化基因。目前，许多会馆被列为国保、省保，有些会馆因其独特的文化基因而被活化利用，如：自贡西秦会馆由山陕盐商建造，被活化成国家级盐业博物馆；北京湖广会馆、天津广东会馆因拥有巨大的演艺空间，在明清时期便是著名的戏剧窝子，如今被活化为戏剧博物馆；洛阳潞泽商帮会馆被活化为匾额博物馆，苏州全晋会馆成为昆曲艺术博物馆，宁波庆安会馆成为全国首座海事民俗博物馆等。对特色会馆进行科学合理的再利用，已经成为国内博物馆的一道独特风景。本书的出版，希望能重拾历史记忆，再现会馆建筑曾经的辉煌。

在本书研究调研、写作组稿与图文编辑的过程中，我们团队中的很多成员全程参与了大量辛苦的工作，在这里一并表示诚挚的感谢，他们分别是：程家璇、白梅、邵岚、党一鸣、边疆、赵胤杰。

本书更是得到了中国文物学会会馆专业委员会的大力支持，前会长吴加安先生、前秘书长张德安先生、会长霍建庆先生、秘书长王学伟先生，以及会馆研究同仁王日根教授都为我们的研究提供了重要帮助和指导。

本书将以会馆为介质，向读者展现古代地理、人文、聚落、建筑交互影响的内在逻辑，展现中国古代建筑的人文之美、技术之美。

赵　逵

2021 年 11 月

目 录

1 绪论

1.1 相关概念阐释

1.1.1 会馆

会馆是以地方神祇之名建造（如天后宫——福建会馆，关帝庙——山陕会馆，禹王宫——湖广会馆，万寿宫——江西会馆等），由流寓客地，有着相似血缘、语言和文化背景的“原乡人”在异乡建造的同乡建筑。会馆营建过程中，既有原乡匠人的营造工艺，又要与当地文脉相互适应，是本土文化与地域文化相融合的产物。会馆建筑既具有“原乡性”的文化特质（如原乡神祇崇拜及原乡匠作工艺），又受当地建筑的影响，表现出“地域性”特征。因此，会馆建筑是“技术传承和文化融合的重要载体”。

1.1.2 移民（乡党）文化

明清时期移民运动产生了丰富的移民文化，移民基于共同的经济利益和精神需求，以地方神祇为纽带，结成乡党，共祭乡神，在异乡形成不同乡神祭拜的乡党文化。特别是由迁出地带入迁入地的文化的交融和碰撞，在会馆建筑中表现尤为突出。

1.1.3 神祇（乡神）信仰

“一方水土养一方人，祭一方神。”地方民间信仰发达，至今人们仍有着自己的地方神，即乡神。乡神是移民的精神寄托，也是共同的文化载体。会馆所祀乃一地的“乡神”或乡贤，被视为移民乡土认同的象征，每类会馆都有相对应的地方神祇建筑。

乡神、乡党与地方会馆是一个有趣的关联话题。在古镇考察时，我们经常能听到“七宫八庙”“九宫十八庙”的说法，开始以为是当地神祇信仰混乱，多神崇拜，了解之后才发现，很多宫庙其实是外地移民在当地建的会馆。这些会馆以同样的名字、同样的信仰、同样的规制分布在全国不同的区域，于是千里之外、毫不相干的地方，因为这些宫、庙、会馆，似乎有了跨文化、跨区域、跨族群的一种暗含的联系，这背后有商业的兴衰、移民的历史、文化的演绎、技术的传承，很多历史记忆都被镌刻在那外表华丽、形态奇特的宫、庙、会馆建筑中。研究它们，如同穿越历史，看着一群原本不相识的外乡人，因为来自相同的省或区域，聚在一起，而凝聚的精神核心，就是在家乡曾经共祭的神祇，会集的主要地点，就是以乡神命名的宫庙会馆。由于各地移民的竞争，这些会馆又多有为呈现标新立异、极尽奢华、争奇斗艳而留下的珍稀的建筑遗存和地域文化。

1.2 研究意义

1.2.1 会馆研究对移民文化传播的意义

中国各个地区都有自己相对独立的地方神，宫庙建造、祭拜仪式、民俗活动构成了完整的民间文化体系。这些民间信仰，充实了民间文化的复杂性和多样性。这些地方神祇随着明清移民扩散到全国各地。乡神是移民建设家园、战胜困难的精神寄托，也是移民及其后裔对家乡本土文化认同的标志。原籍地移民迁移到异地后，以共同的地缘联系组合在一起，共建会馆，通过举办各种祭奠故土乡贤神灵的社会活动来凝聚同乡感情。由此，地方神祇由乡神演变为移民神祇（地方会馆神祇）。各省移民的会馆中供奉的神祇各不相同。例如：湖广人建禹王宫，祭祀禹王；江西人建万寿宫，供奉许真君；广东人建南华宫，供奉南华老祖；福建人建天后宫，祀妈祖。这些会馆是中国移民文化的代表作，也是我们探索这段移民历史的窗口，由此可以管窥当时移民的建筑和文化。

1.2.2 会馆研究对移民技术传承的意义

随移民浪潮而来的，还有各地不同的建筑工艺。在普通民居中，很难对应原乡和异乡的传承关系，而明清移民会馆，无论分布在全国何地，共同的神祗之名都能引导我们把异乡和原乡联系起来。移民带来的原乡的工匠与材料、建造技艺同异乡的工匠与材料、建造技艺相互影响、相互融合，使得会馆建筑既有“原乡性”的自我表达，又有“异乡性”的地域融合，各籍地的能工巧匠利用精湛的建筑技艺打造出多姿多彩的会馆建筑，不同地域的会馆建筑又同时体现出强烈的地域特色。

1.2.3 会馆研究对于唤起现代移民精神认同感的意义

现代社会依然有大量的移民，如水利工程移民、搬迁移民、求学移民等，新移民在异乡生活主要的问题之一就是“文化认同”，其中重要的一部分就是“本土文化认同”，是对家乡、故土的感情，是生于斯、长于斯的自豪感。但是，这种精神随着城市和社会的发展而淡漠了。我们希望通过对移民会馆的研究唤起人们对移民精神的认同感。

1.3 国内外研究现状

1.3.1 会馆研究现状

我国于 2003 年成立了中国文物学会会馆专业委员会，集聚了会馆专业方面的研究人才，并接纳几十家会馆为会员单位。2018 年成立了中国会馆建筑保护中心，开始了对会馆建筑的系统性研究。

1.3.1.1 经济历史文化角度

在我国，关于会馆史的研究始于 20 世纪 20 年代。1925 年，郑鸿笙先生发表《中国工商同业公会及会馆公所制度概论》。1926 年，新生命书局发行了全汉升先生的《中国行会制度史》。二十世纪三四十年代，有学者开始从中国会馆性质方面展开对会馆的研究，其中窦季良先生所著的《同乡组织之研究》堪称会馆研究方面的重要里程碑。王日根的《乡土之链——明清会馆与社会变迁》（天津人民出版社 1996 年版）及《中国会馆史》（东方出版中心 2007 年版）奠定了会馆研究的历史学地位。其他著作主要有何柄棣的《中国会馆史论》（台湾学生书局 1966 年初版），李华的《明清以来北京的工商业行会》（文物出版社 1980 年版），《中国会馆志》（中国会馆志编纂委员会编，方志出版社 2002 年版），彭泽益主编的《中国工商行会史料集》（中华书局 1995 年版下册），洪焕椿的《论明清苏州地区会馆的性质和作用——苏工商业碑刻资料剖析之一》（《中国史研究》1980 年第 2 期），刘成虎、韩芸编写的《会馆浮沉》（山西教育出版社 2014 年版）等。

1.3.1.2　建筑文化艺术角度

从建筑文化和建筑艺术的角度进行会馆研究的论著，大多是进行概括性介绍，或对某地区特定会馆进行分析研究。赵逵的三本专著——《山陕会馆与关帝庙》（东方出版中心 2015 年版）、《天后宫与福建会馆》（东南大学出版社 2019 年版）、《"湖广填四川"移民通道上的会馆研究》（东南大学出版社 2012 年版），开始从建筑文化和建筑技术角度对会馆进行系统研究。宁波庆安会馆黄浙苏馆长的《庆安会馆》（中国文联出版社 2002 年版）、《宁波天后宫雕刻特色研究》（莆田学院学报 2011 年第 4 期）等对单座会馆的建筑特色展开研究。另外，刘致平在 20 世纪 50 年代所著的《中国建筑类型及结构》，冯骥才先生编纂的《（古风）老会馆——中国古代建筑艺术》，柳肃撰著的《会馆建筑》（中国建筑工业出版社 2015 年版），中国建筑艺术全集编辑委员会著的《中国建筑艺术全集 11——会馆建筑·祠堂建筑》（中国建筑工业出版社 2003 年版），赵世学著的《传统会馆建筑形态比较研究——以重庆湖广会馆与河南山陕会馆为例》（吉林人民出版社 2014 年版），骆平安等著的《商业会馆建筑装饰艺术研究》（河南大学出版社 2011 年版）等，也都从不同侧面对会馆建筑历史和建筑文化展开了研究。

1.3.1.3 移民角度

从移民角度研究会馆的成果主要有刘正刚先生的《清代四川广东移民会馆》《清代四川广东移民经济活动》，以及陈玮、胡江瑜的《四川会馆建筑与移民文化》等。

1.3.2 移民研究现状

以葛剑雄、曹树基和张国雄等学者为代表进行的中国移民史和地区移民史方面的研究，论述了自先秦至20世纪40年代，中国境内移民的迁移时间、方向、迁出地、定居过程和产生的影响，确定中国移民史的分期、移民类型，阐述了中国移民的特点和研究中国移民史的意义。我国台湾学者关华山在其著作《民居与社会、文化》（台湾明文书局，1989年）中就移民居住环境，主要从文化、人的主体行为与建成环境等方面进行过理论探讨。此外，还有一些关于客家文化和客家地区传统建筑等方面的研究，也涉及移民与建成环境的关系。

日本广田康生的《移民和城市》则基于一系列社会学的案例调查，通过关注每一个“独立个体”所具有的越境移民族群经历（ethnic experiences）及其在特定“场所”中所建立起来的相互关系，并以城市共同体理论为素材，讨论其城市社会学意义，为我们提供了新的视角和研究方法。

此外，重庆大学赵万民、张兴国，西南交通大学季富政等教授都对巴蜀建筑有过大量研究，其中也曾涉及巴蜀会馆。

1.3.3 地方性神祇信仰研究现状

地方性神祇的崇拜是民间信仰的一个重要分支，对于地方性神祇的研究往往依附于民间信仰。早期的关于民间信仰的研究更注重于中国是否存在民间宗教以及中国古代存在的某些宗教现象。国内的民间信仰研究开始于20世纪初，对于民间信仰的研究主要在民俗学视野下进行。“民俗学”（又称“民情学”）的研究对象分类是由胡愈之先生在1921年提出来的，即民间的信仰和风俗、民间文学以及民间艺术。随之出现了很多研究神祇崇拜的论文，具有代表性的有顾颉刚的《孟姜女故事研究》，黄石的《迎“紫姑”之史的考察》，杨堃的《灶神考》等。

朱顺天先生的《中国古代宗教初探》是新时期民间信仰研究的开篇之作。该书探讨了中国古代宗教中天神的产生和发展、古人的祭祀仪式、自然神的崇拜、鬼魂崇拜、同祖先崇拜以及中国古代宗教的社会作用等。代表性的成果还有吕宗力、栾保群编著的《中国民间诸神》，收录了民间信仰神祇两百多名，以抄辑的各种古籍、宗教典册、笔记、杂记为基本材料，补充了前人的考证研究，也加入了编者自己的见解，对于了解中国古代民间神祇的观念及记述、变异，均有参考价值。乌丙安先生的《中国民间信仰》是我国第一部全面论述民间信仰的研究著作，该书对于中国民间信仰的特征做出了总结，从对“自然物、自然力的崇拜”“幻想物的崇拜”“附会以超自然力的人物的崇拜”“幻想的超自然力的崇拜”四个方面论述了中国的民间信仰问题。

以某一类神祇或个别神祇为主题进行研究的论著有何星亮的《中国自然神与自然崇拜》（上海三联书店1995年版），此书运用时间与空间层次分析法分门别类地论述中国各种自然神的观念、形象、名称、祭祀场所、仪式、禁忌及神话，从而全面揭示了中国自然崇拜的结构、状态及其起源、发展和演变的过程，是国内外有关中国自然崇拜研究的第一部著作。

1.3.4 研究成果分析

综上所述，虽然对会馆的局部研究已经很多，但对整个中国地区会馆建筑的系统性研究，特别是从移民和地方神祇等多方面的整体系统性研究仍显得比较缺乏。过往关于会馆建筑的研究存在两个不足的地方，一是不成整体，二是偏重宏大叙事。

“不成整体”是指一些研究者侧重于对单个建筑的梳理，忽略或者回避了会馆整体之间的联系。“偏重宏大叙事”是指一些研究者试图总结出关于会馆建筑成套的一般性规律，忽略或者回避了不符合的样本。例如，有研究认为会馆应按行政区划分进行分类，然而即使是同一省份，民众所建会馆也是千差万别的。以湖广为例，不光有以省籍会馆为名号的湖广会馆，还有武昌人所建的武昌会馆以及麻城人所建的黄州会馆；同一类型会馆在不同地方的名称也会不同，例如在四川的湖广会馆的别称是“禹王宫”，在樊城的武昌会馆的别称“三间书院”，在重庆的黄州会馆的别称是“帝主宫”，等等。

从移民和地方神祇角度对会馆进行整理研究，可以有效地解决上述两个问题。利用这种方法，从移民和地方神祇角度，可以多层次地收集会馆的基础资料，同时更有条理地组织材料，梳理出明清会馆的源流关系，通过高可信度的案例研究，来论证会馆建筑在明清时期跨地域文化交流中扮演的重要角色。

2 天后宫与福建会馆

2.1 天后宫、福建会馆与妈祖文化

天后宫、福建会馆的建立是妈祖文化传入一个地区的重要标志。其中，天后宫起源于宋代，是海洋文化的体现，主要为祭祀“海神”妈祖的庙宇，属寺庙建筑范畴，多位于沿海地区；福建会馆在明末清初产生，是福建人在异地所建的祖先祠或会馆建筑，承担着乡情联络、生意洽谈等功能，会馆内也祭祀作为福建人“商业神”“乡土神”的妈祖，因此也被称为“天后宫”，是清代天后宫中独具一格的建筑类型。福建会馆多集中在长江流域等临水的内陆地区，妈祖的“海洋”成分相对减弱。也就是说，天后宫、福建会馆是在不同时期和历史文化背景下产生的两种建筑类型，因妈祖文化而联系在一起，既相互独立，又关联密切。

2.1.1 妈祖与妈祖文化

妈祖姓林名默，又被称为天妃、天后、天上圣母等。福建莆田湄洲屿人，生于北宋建隆元年（960 年），卒于雍熙四年（987 年）。妈祖因其知人祸福、拯救海难、扶危济困的神力而受亿万信众的顶礼膜拜，加上历代皇帝对其不断褒封，妈祖以天妃、天后最高神格列于国家祀典。妈祖由此从民间地方神提升为官方的航海保护神，妈祖文化也随之传播到世界各地，因祭祀妈祖而建的宫庙也由此散播开来（图 2-1）。

图 2-1　福建莆田贤良港天后祖祠供奉宋代所塑妈祖像

妈祖文化是中国沿海地区最重要的宗教信仰，是福建地区劳动人民根据自己的理想和主观愿望所塑造的海上女神，是劳动人民心灵和精神的寄托。它是在三教合一的潮流下产生、形成的，吸收了儒教、道教、佛教优秀因素，具有典型的传统性、极大的包容性和鲜明的海洋性等特征。妈祖文化通过人们对其的祭祀活动进行传播和传承，因其对社会稳固、国家兴盛、民生富足有着良好的促进作用，历朝统治者对妈祖文化都极为推崇。

妈祖文化起源于福建，要了解妈祖文化的由来，就不得不从福建地区的民间信仰说起。福建地区的民间信仰历史悠长，原始宗教早在4000年以前就已产生，后在唐末至宋元时期，原有居民和大批移民在此辛勤劳作，使得福建地区的经济得到长期发展，社会也相对稳定。两宋时期，福建地区更是繁荣发展，成为全国的发达地区。福建在这一时期掀起了大范围的造神运动。从地方志中可以看出，福建现今流传的众多神灵基本上都产自这个时期。由此开始，鬼神迷信充斥着整个福建地区，以福州府为例，《八闽通志》卷五十八《祠庙》记载，在明代以前，福州府属各县有113座祠庙，其中只有9座是唐宋之前所建，其余多达75座是唐末宋元时期建造的[1]。可见，唐末至两宋时期产生的神灵在当今的福建仍影响巨大。

任何一种文化形态的产生和发展，都有着特定的自然和社会历史背景。福建民间信仰的产生和发展同样离不开福建特定的自然地理条件和社会历史条件。首先，福建位于我国东南沿海，唐末宋元时期，福建的航海业就非常发达，其中，泉州港、福州港已经成为十分重要的贸易口岸。在封建思想的影响下，人们为祈求航海平安，迫切需要一个神灵来保佑，以寻求心灵的慰藉。所以，福建地区塑造了许多本地的海神，并建庙祭拜。如在泉州，船员祭拜通远王，晋江拜真武海神，南田则建有天妃宫、灵感庙、大蜡光济王庙、祥应庙、灵显庙，福州有演屿庙，闽清有武功庙，莆田则有妈祖庙。这些海神中，影响较为深远的当属女海神妈祖和男海神通远王。

---

1 黄仲昭．八闽通志·卷五十八 [M]．福州：福建人民出版社，1990.

其次，福建是多山地区且气候湿热，自然灾害发生的频率较高，最突出的矛盾就是人多地少，所以福建地区对传宗接代和平安非常重视。此外，古代的福建男人多出海打拼，不同于内陆地区自给自足的生活方式。因此，女性在家中有着重要的作用，更是男子的依赖。所以，女子的地位在古代的福建地区相比其他内陆地区要高，反映在福建民间信仰上，便是福建民间多有女神崇拜，如“航海保护神”妈祖“保护妇女儿童”的临水夫人以及“助修水利、请水求雨”的法主仙妃等（图 2-2～图 2-4）。

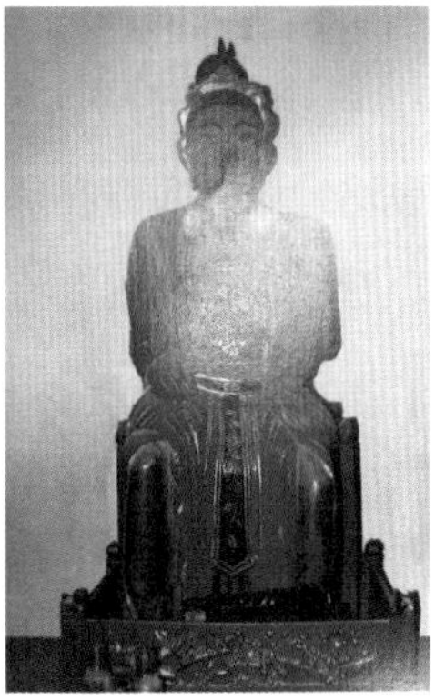

图 2-2 妈祖

图 2-3 临水夫人

图 2-4 法主仙妃

总之，福建民间信仰的两大特色就是海洋信仰和女神信仰，而妈祖正是海神和女神的结合体，妈祖文化得以在福建各地迅速传播；后因朝廷的褒封，妈祖成为官方敕封的海上女神，并与明清以来中国向海洋发展的机遇相契合，迅速在全国传播开来，甚至发展到世界各地。

2.1.2 天后宫

天后宫即祭祀妈祖的庙宇的统称。天后宫作为妈祖文化的物质载体，是妈祖文化传播与发展的主要形式。妈祖文化初期，仅在福建莆田湄洲岛一带传播，影响范围较小。妈祖死后，人们在此立庙祭祀，最早记载的天后宫是福建莆田湄洲妈祖祖庙。据《天妃显圣录》记载，湄州妈祖庙初建时非常简陋，后在天圣年间（1023—1032 年），商人三保前往国外经商，途经湄洲湾时曾去妈祖庙祈祷。后来平安返航，遂捐资扩建庙宇，庙貌大新[1]。作为妈祖文化发祥地的妈祖祖庙，由此分灵出去的妈祖庙有 5000 多座，散布在世界上 20 多个国家和地区，信众达 2 亿多[2]（图 2-5～图 2-10）。

图 2-5　福建莆田湄洲妈祖祖庙

图 2-6　福建莆田贤良港天后祖祠

图 2-7　福建泉州天后宫

图 2-8　福建西陂天后宫

图 2-9　贵州镇远天后宫

图 2-10　湖南芷江天后宫

1　中华妈祖文化交流协会，等．妈祖文献史料汇编，第二辑，著录卷 [M]. 北京：中国档案出版社，2009.

2　俞明．妈祖文化与两岸关系 [J]. 南京社会科学，2001(8):70-78.

2.1.3 福建会馆

会馆是从明朝起才有的一种建筑形式，也是客居异地的同乡设立的一种民间社会组织，最初是由寓京官绅倡导修建的，后因清初实行的海禁政策而搁置。直到清康熙二十二年（1683年），收复台湾后，我国的海运贸易事业才得以恢复，并迅速发展，各地的商帮会馆也纷纷创立起来。而福建会馆随着福建商人的商业活动及移民的热潮，在我国的沿海、沿江及内陆地区纷纷建立起来。福建会馆是集祭祀与集会功能为一体的建筑形式，建筑中既有会馆，也有祭祀妈祖的殿堂。福建会馆是由闽粤商帮带头兴建的，具有“联乡谊、崇乡祀”的作用。故“天下通都大邑，滨江濒海，商贾辐辏之区，客是地者，类皆建设会馆为同乡聚晤所。而吾闽之建是馆者，又必崇以宫殿祀天后其中，盖隆桑梓之祀，亦以（天）后拯济灵感，江河之舟楫往来，冀藉沐神庥也”[1]。因而，福建会馆与我国的海运贸易、内陆地区商埠构建有着十分密切的关系，是清代妈祖文化中独具一格的形制（图2-11）。

图2-11　山东烟台福建会馆

1　张书简．建宁县志（全）·卷六[M]．台北：成文出版社，1967.

2.2 天后宫、福建会馆的传播与分布

2.2.1 天后宫、福建会馆的传播路线

天后宫、福建会馆基于妈祖文化而产生。妈祖文化自宋代形成以来由福建地区开始向外传播，元代漕运的影响以及明清以来的商业发展、对外贸易的产生、历代帝王的推崇，使得妈祖文化的传播范围逐步增大。北抵东北的辽河流域，南达海南南沙群岛，东起沿海各地，西至湖南、四川等内陆地区，都建有天后宫、福建会馆。

中国香港算是妈祖信仰传入较早的地区之一。因其临近广东，早在南宋时期，闽籍商人经常往来于闽粤之间，便在香港建造天后宫，妈祖信仰自然就传播到了香港。香港的天后宫遍布香港的各个地区。目前，在香港仍可以看到很多天后宫建筑，部分天后宫保存完整。

据相关资料记载，中国澳门在明成化年间就已有天后宫的记载，闽籍商贾来到当时尚为荒芜小岛的澳门，安居落户并创建了妈祖阁，这也是澳门的第一座天后宫。由此可见，从明代开始，就有福建人在澳门定居，妈祖文化也因此在澳门传播开来。

中国台湾妈祖文化的传入，与中国明清时期的历史事件紧密相关。在南宋时期就有不少福建莆田、泉州、漳州等地的商人和渔民在澎湖以及台湾岛落户。到了明清时期，郑成功收复台湾以及施琅出兵将台湾纳入大清版图等一系列历史事件，使得大量的移民和军队涌入台湾，妈祖信仰在台湾迅速发展起来，各地纷纷建庙祭祀。从此，天后宫在台湾广泛传播。目前，台湾地区的妈祖信仰仍十分流行，民众对妈祖的认可度仍然很高，这也说明台湾与福建之间有着割舍不断的血缘亲情。

明清时期，随着海上贸易的发展，妈祖信仰传到海外。早在《湄洲志》中就有记载，出访使官在海上多次受到海神妈祖的保护。其中，郑和下西洋是明代规模最大、时间最久的海上贸易活动。郑和经历了七次航海行动，共访问了亚洲、非洲等三十多个国家和地区，在郑和的航船上就供奉有妈祖神像，妈祖也随着郑和的脚步以民间文化

交流的形式传播到海外。经调查考证，妈祖文化不仅由中国传至南洋群岛，跨过印度洋到波斯湾，还由中国传至菲律宾、墨西哥，直至欧洲大陆等地[1]。

2.2.2 天后宫、福建会馆的分布区域和特征

天后宫、福建会馆是妈祖文化的物质载体，有妈祖文化的地方势必有天后宫、福建会馆。妈祖文化自宋代形成以来，其分布地域以福建莆田的湄洲岛为中心，沿海岸线向南北方向扩散，分布地域逐渐扩大。在初期，因妈祖为航海保护神，代表着海洋文化，沿海渔民是妈祖文化的主要传播者，故天后宫多分布于我国东部及南部沿海地区。

明清时期，妈祖文化由沿海地区转向内陆，主要原因有二：其一是漕运路线由原来的海运改为沿内河运输；其二是闽籍商人的经商活动及移民活动，将妈祖文化沿着水系带到了内陆地区。天后宫、福建会馆的分布形成了沿运河和沿内陆水系的分布特征。

除了以上民间力量，妈祖文化得以传播的另一个重要因素是官方势力的影响。一方面，历代帝王极度推崇妈祖文化，妈祖文化被放在一个非常重要的位置。地方官吏势必会响应朝廷的诏令，尤其是沿海地区的官吏，为巩固地方政治而鼓励百姓兴建天后宫。另一方面，有的官吏本身就信奉妈祖，到达新地方做官便会把妈祖文化带到新的地方去。所以，官方对妈祖文化的极力推崇，成为天后宫、福建会馆遍布全国的重要影响因素。

至此，天后宫、福建会馆在中国大陆的分布区域有：以妈祖的发源地——湄洲岛为中心，向南北扩散，其中包括江苏、浙江、广东等地；以环渤海地区为主的北方沿海城市，主要包括山东、辽宁、天津等地；西南内陆地区，即江西、湖南、贵州、四川、重庆等地。如图 2-12 所示。

---

1 汪洁，林国平．闽台宫庙壁画 [M]．北京：九州出版社，2003.

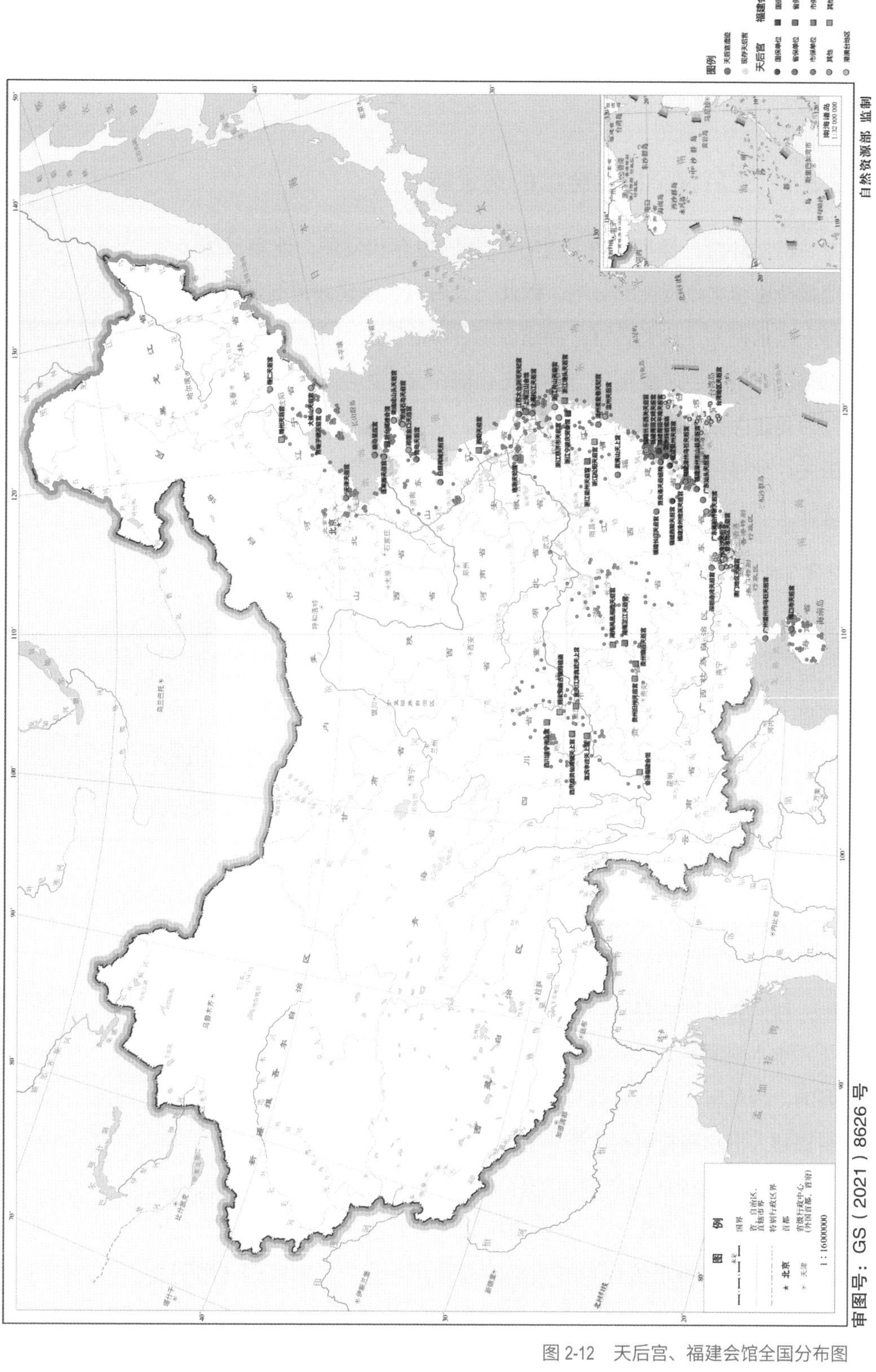

图 2-12 天后宫、福建会馆全国分布图

2.3 天后宫、福建会馆的建筑形态

2.3.1 天后宫、福建会馆的选址特点

自然环境、地理条件决定了人类的生存和发展，建筑风貌多受地域特色和文化特征的影响。因此，天后宫、福建会馆的选址必定与以上因素相关。从天后宫、福建会馆分布的影响因素来看，天后宫是以祭祀妈祖为主，受福建当地文化和海洋文化影响较深。而福建会馆作为福建人在异地的集会场所而存在，它与福建人的移民或经商路径相关，受移民文化影响。以下将分别论述天后宫的选址和福建会馆的选址。

2.3.1.1 天后宫的选址——近河傍海

天后宫是祭祀妈祖的庙宇，因此哪里有人祭拜妈祖，哪里就有天后宫的存在。因妈祖起源于福建莆田，对妈祖的祭拜在福建莆田地区最为盛行，所以在莆田的天后宫最多。天后宫所供奉的妈祖，是保佑航海者海上航行安全的海神，更多地受沿海居民或者依赖海上航行的人信奉，所以天后宫建在江河湖边更利于他们祭拜。因此，天后宫的选址多集中在与海运、河运相关的沿线城市，或沿海重要的港口等地。

2.3.1.2 福建会馆的选址

（1）邻近城镇港口、码头

水上交通是古代社会最为便捷的交通方式，也是交通体系中最重要的，因此有水的地方就有城镇。而商业的发展和移民的兴起，也使得福建人沿水路将妈祖文化带到了外地，并在外地建造福建会馆。明清时期，在全国多省向四川的移民运动中，福建人占据着较大的比率，移民路线多为水路，舞水流域就是当时移民通往四川的一条水路路径，故在舞水流域也有大量的福建移民涌入。据民国《醴陵县志·氏族志》记载："明末清初，重罹浩劫，土旷人稀，播迁远来者则

什九为闽粤两省汀江、东江流域之人。”[1] 在永顺县，“改土后客民四至，在他省则江西为多，而湖北次之，福建、浙江又次之。在本省则沅陵为多，而芷江次之，常德、宝庆又次之”[2]。由此可见，清代早期，舞水流域的新晃、芷江等地因其优越的水运交通，聚集了大量的闽粤商人，福建人也多定居芷江，便有了芷江天后宫。因此，福建会馆的选址多靠近码头。

（2）占据城镇、场镇中心地带

古代的重要城镇都因水而兴，这与古时的水路交通是密不可分的。而福建会馆也是福建人沿水路传入内陆地区的，所以福建会馆也多位于重要城镇。会馆建在城镇中一般属于大型建筑物，且是移民或商人为巩固自己在此地区的地位而建，同理，福建会馆多建于城镇中心区域。但同一城镇也存在着多个地区的移民和商人，各个地区的会馆都聚集于此，如四川仙市镇就分布着多个会馆建筑。因此，古时候的许多城镇都有“九宫十八庙”的说法，也说明了当时城镇繁荣的景象。

2.3.2 天后宫、福建会馆的布局特点

2.3.2.1 轴线

中国大型的古建筑群都非常强调序列感和仪式感，有着明确的轴线关系。天后宫、福建会馆也不例外，建筑群沿轴线呈中心对称，主轴线上分布着山门、戏台、正殿等最重要的建筑，两侧分布着厢房、廊庑等附属建筑，两者围合形成院落。根据建筑的规模大小，大型天后宫、福建会馆的中轴线上可能还存在寝殿、梳妆楼等体现妈祖女性特征的建筑，轴线两侧的建筑类型也随着建筑规模的大小而有所变化。一是两侧建筑物为厢房、廊庑等附属建筑，是轴线上主要建筑物的配套设施。二是两侧分布着祭拜其他神灵的殿宇，有些分设在轴线

---

1 湖南府县志辑．民国醴陵县志·氏族志 [M]．南京：江苏古籍出版社，2002.
2 蒋国经．芷江“天后宫”——古建筑艺术的活档案 [J]．档案时空，2008(9)：33-34.

两边，有些单独形成轴线，如湖南芷江天后宫，轴线两边分设不同的庙宇，有不同的神祇，共有三条轴线关系。另有天后宫、福建会馆因地形原因的限制，轴线关系不明确。

2.3.2.2 序列

天后宫、福建会馆的空间序列的节奏较强，通过各个空间面积的递变，建筑高度的增减，形成一个富有韵律感的序列。在整个建筑群中，院落是建筑组群的基本构成单元，其单体组合方式是利用建筑围合起来的三合院或四合院。天后宫、福建会馆的空间序列组织以入口山门为起点，随着向内院的行进而逐渐展开，空间性质由“公共空间”到“私密空间”转化。各个院落空间也由大渐小，形成强烈的对比。空间序列以正殿为核心，一般居于最高点，使整个建筑群更显庄重、肃穆。寝殿、梳妆楼、父母殿等后殿为空间序列的终点。

2.3.2.3 功能

从天后宫到福建会馆，建筑功能由单一的祭祀功能转变为祭祀和集会的双重功能。这是两者之间最本质的区别，而针对这样的功能需求，就有了天后宫、福建会馆两种既相似又不同的建筑形式。本小节主要以两个大的功能为背景，对两个建筑进行更细致的功能分析。福建会馆是福建人在异地的集会场所，是以观演空间为主的，对于观演建筑而言，将表演的人和看表演的人安排好是整个建筑中最重要的功能组织。表演的人除了需要戏台表演空间外，还需要表演前的准备空间，故在福建会馆的戏台两侧角落里，都设置可供表演者准备的耳房。同时，看表演的人也需要有遮蔽的看戏空间，故与戏台垂直的两侧多设有廊道或厢房。建筑一般为两层，可以容纳更多的观众，且基地高度一般要高于观演院落的基地高度，满足观看表演的视线需求。看楼多为开敞的廊道，从而可以使观众获得更好的视角。

天后宫、福建会馆建筑的基本构成元素有：山门、戏台、钟鼓楼、正殿、配殿、后殿（寝殿、梳妆楼、父母殿）。

2.3.2.4 朝向

天后宫、福建会馆的建筑朝向主要受天后宫、福建会馆建筑形成的原因的影响。由于天后宫、福建会馆都是用于祭拜妈祖的，而妈祖为海神，所以天后宫、福建会馆并没有像其他古代大型建筑那样一定是坐北朝南的，因其与水的关系较为密切，天后宫都靠近大海，朝向多是面向港口码头的出海口，便于出海打鱼的人祈求平安，以及返航时祭拜妈祖。也有一些福建会馆，是与周边的地形地貌相关的，还有一些建于山地上的福建会馆，建筑轴线是与山体的等高线垂直布置的。

2.3.2.5 高差

为增强天后宫、福建会馆建筑的序列感，天后宫、福建会馆往往会对建筑做高差处理，尤其是中轴线上的建筑。建筑沿中轴线层层升高。在地形高差较大的地区，这一走势更为明显。如湄洲妈祖祖庙，其纵剖面图可以完整地反映建筑层层抬高的走势。又如贵州镇远天后宫依山而建，沿大门前的石阶拾级而上，抬头可见山门。山门与大殿之间也相差十余级台阶。但因为地形较为局促，镇远天后宫的大殿与戏台相对，山门位于其东侧。从戏台到大殿的纵剖面图中，仍可以看出地势逐步抬高的趋势。又如在四川地区，福建会馆多建于地形高差大的地方，戏台一般位于地势较低处，正殿居于高处，围合的院落形成层层抬高的观演空间，与地形完美结合。高差的另一处运用便是在戏台的处理上。在调研过程中发现，戏台多为两层建筑，第一层为过廊，第二层为表演空间，也有一些稍有抬高，这样的做法是为了给观众提供更好的观演体验。

2.3.3 天后宫、福建会馆的建筑特征

天后宫、福建会馆的建筑主要包括山门、戏台、正殿、寝殿、梳妆楼、厢房等几个基本构成元素，但各个天后宫、福建会馆因自身建造条件的不同，建筑单体有所差别。本节将对天后宫、福建会馆中较

为重要的建筑构成元素进行详细论述，探讨天后宫与福建会馆之间的共同特征。

2.3.3.1　山门

天后宫、福建会馆的山门类型多种多样，可归纳总结为独立式山门、连体式山门。其中独立式山门又包括门洞式、牌坊式（图 2-13、图 2-14）；连体式山门包含牌坊与戏台合一和山门与戏台合一两种类型（图 2-15、图 2-16）。从调研成果中发现，山门类型并无规律可循，多受环境和功能等多方面的影响。而从建筑风格上可以看出，福建地区的山门有明显的闽南建筑特色，如燕尾脊、红砖墙体，艳丽的颜色，将妈祖这一女性特征发挥得淋漓尽致。到了北方地区，建筑特色又与其本土建筑文化相结合；到了内陆地区，如芷江、镇远等地，又是另一番景象，山门多为牌坊式，形象更加高大，这与当地的建筑相得益彰。

图 2-13　门洞式独立山门

图 2-14　牌坊式独立山门

图 2-15　牌坊与戏台合一

图 2-16　山门与戏台合一

2.3.3.2 戏台

戏台多存在于福建会馆，为福建商人聚会娱乐、酬神唱戏设置，使用频率较高。而天后宫中的戏台是为祭祀所用的，只有在举行祭祀活动时才使用，使用频率较低。从戏台的建造形式上就可以看出两者的区别。福建会馆的戏台一般都与山门相结合，为两层建筑，第一层为通道，第二层为表演空间，戏台的形式有凸形戏台和平口戏台两种（图 2-17、图 2-18）。其中，凸形戏台是最常见的戏台形式，戏台的整个表演空间突出，形成三面镂空，以达到更好的观演效果。平口戏台即表演空间与耳房相平，表演空间只有一面面对观众，与凸形戏台相比，略有局限性。从大小上分，又可将福建会馆的戏台分为一开间、三开间两种。相较于福建会馆的戏台，天后宫的戏台相对简单，是古时祠庙建筑中露台的变形，作为烘托场所气氛的重要空间存在。这种戏台都是直接落地式，规模也较小，没有附属的耳房或观看表演的厢房（图 2-19）。

图 2-17　凸形戏台

图 2-18　平口戏台

图 2-19　落地戏台

2.3.3.3 钟鼓楼

钟鼓楼建筑在我国古代有自己独立的发展历史，主要分为两种形式，一种为独立存在，位于城镇的中心，作用是按时敲钟鸣鼓，为向城中居民报时之用；另一种一般位于寺庙道观建筑中，为祭神及迎接神社之用，或用于安排僧人或道士的作息起居。天后宫的原型也属于寺庙建筑，因此钟鼓楼是其必不可少的建筑。但在福建会馆中，建筑性质发生转变，并没有钟鼓楼的设置。钟鼓楼在天后宫中的位置有所不同，有的钟鼓楼位于山门前，分设两侧，如湄洲妈祖祖庙；而有些钟鼓楼则位于山门内侧，分布两侧，如天津天后宫祖庙的钟鼓楼（图 2-20）；山东青岛天后宫的钟鼓楼则设置在山门两边，与山门对齐（图 2-21）。钟鼓楼在整个建筑群中的位置虽有不同，但建筑形式基本一致。

图 2-20　天津天后宫钟鼓楼

图 2-21　青岛天后宫钟鼓楼

钟鼓楼一般沿主轴线对称分布，钟楼和鼓楼相向而坐，钟楼在东侧，鼓楼在西侧，钟楼和鼓楼的建筑形态基本相同。平面皆为方形，一般为两层。其中，第一层多为砖结构，内有楼梯可达第二层，第二层多为木结构，是整个建筑的主体，第二层屋顶一般为重檐歇山顶。从建筑风格来看，不同地域的钟鼓楼呈现了不同地域的建筑特色。

2.3.3.4 正殿

这里提到的正殿是天后宫、福建会馆中最重要的建筑，也称大殿、天后殿、妈祖殿等，即供奉妈祖的殿堂。正殿一般位于整个建筑群中轴线最核心的位置，一般位于观演空间之后，面向戏台，且一般位于月台之上，比庭院的基地高度高，或处于地坪高差最高的地方。从建筑规模来看，正殿是整个建筑群中规模最大的建筑。但不同的天后宫、福建会馆中，正殿的规模又不尽相同，正殿一般为三开间，也有少数为五开间或七开间，屋顶形式多采用歇山、悬山、硬山、卷棚等。正殿多为独立的建筑形式，也有少部分是两个或多个建筑连在一起的连体建筑，如泉州天后宫正殿就只有独立一座建筑；而在镇远天后宫，正殿由两座建筑组成，湄洲妈祖祖庙的天后殿则由两座建筑围合的建筑群组成。

2.3.3.5 配殿

在天后宫、福建会馆中，由于受地方的本土化影响，在除福建省以外的地区，天后宫和福建会馆中还供奉除妈祖以外的其他神灵。这里所说的配殿包括两方面的内容。其一，天后宫、福建会馆中除戏台、正殿、钟鼓楼等主要建筑外，大多为等级较低、分设于主轴线两侧的廊道、厢房等的附属建筑。这些建筑一般规模较小，屋顶形式多采用悬山、硬山等，且区分并不明显。其中，廊道一般为观演空间，位于戏台两侧，不设隔断；厢房一般为生活空间，供使用者或来访者起居。其二，部分天后宫、福建会馆中有祭祀其他神灵的配殿，配殿一般和其他次要房间一样，设于主轴线两侧，如芷江天后宫、凤凰天后宫；有一些配殿则与天后殿并列设置，如山东青岛天后宫中，天后殿旁还分设督财府、龙王殿，这与配殿地位等级相关，设于正殿两侧的配殿建筑等级也相对较高(图 2-22)。

图 2-22　山东青岛天后宫配殿

2.3.3.6 后殿

天后宫、福建会馆的尽端一般设有后殿，后殿根据其使用功能的不同，又有很多别称。这里的后殿指极具妈祖女性特征的寝殿、梳妆楼和供奉妈祖父母的父母殿等。例如，贤良港天后祖祠的后殿是供奉妈祖父母的殿宇，因此又被称作父母殿；而庆安会馆中因其特殊的馆庙合一的布局方式，后殿是士绅聚会、祭祀、观演的场所；泉州天后宫的后殿是妈祖休息之所，又称寝殿，同时还配有梳妆楼，是妈祖作为女神所特有的建筑。福建长汀天后宫中也保有梳妆楼的建筑形式，但规模相对较小。

2.3.4 天后宫、福建会馆的构造特征

天后宫、福建会馆遍布全国，带来的不仅仅是妈祖文化的传播，还将福建地区的建筑特色、建造工艺带到了全国各地，并与各地本土建筑文化相融合，形成了天后宫、福建会馆特有的建筑构造特征。本节是笔者结合调研过的天后宫和福建会馆，对其构造特征进行阐述，因其规模较大，无法对整个建筑群一一阐述，所以本节涉及的构造特征多以天后宫、福建会馆中最重要的建筑——“正殿”为例进行说明。

2.3.4.1 插梁坐梁式构架

插梁坐梁式构架是闽南大型建筑中常用的大木构架形式[1]，是抬梁式和穿斗式相结合的结构体系，既满足了建筑中较大功能空间的需求，又具有良好的稳定性。插梁坐梁式构架常见于大型天后宫、福建会馆的正殿中，并随着天后宫、福建会馆的发展，传播到全国各地。构架分为三通五瓜式和二通三瓜式，其中，三通五瓜式构架以大通、二通、三通承五架梁，古时梁栿称为“通”，大通代表清代构架中的七架梁；二通代表五架梁；三通即三架梁。大通、二通、三通上通过束木相互联系。束木是指梁架上相邻两根檩条之间起连接作用的弯枋构件，形如弯月，又称“束仔”“弯弓”“弯插”“虾尾插”。从整体构

1 曹春平．闽南传统建筑 [M]．厦门：厦门大学出版社，2006.

图 2-23　福建西陂天后宫正殿中的三通五瓜五架坐梁

架体系来看，“插梁坐梁”直接通过檐柱、金柱承托檩条，或采用叠斗的形式，斗上承接檩条，通梁、束木等构件直接穿入或穿过柱身，这是穿斗式结构的特征；而为增加室内跨度，前后金柱设大通梁，通梁以上构件瓜柱等之间坐于大通上，以承托二通、三通，这又体现了抬梁式的构架体系。插梁坐梁式构架的另一大特点为在梁柱上多用叠斗，如福建泉州天后宫、西陂天后宫都可以看到这样的方法（图 2-23）。

而小型天后宫、福建会馆的结构形式多受其传入地的地域建筑特色的影响，故北方的天后宫、福建会馆多采用抬梁式结构体系，如山东青岛天后宫；南方的天后宫、福建会馆多采用穿斗式结构体系，如贵州镇远天后宫。

2.3.4.2　斗拱

在天后宫、福建会馆的构架体系中，斗拱的运用非常普遍。起初，斗拱是在横梁和立柱之间挑出以承重的构件，将屋檐的荷载经斗拱传递到立柱，解决了大面积挑空屋顶的受力问题。后来随着建造技术的发展，斗拱的形式由基本的垫托和挑檐构件转变为连梁。再进一步发展，斗拱的存在是为了保证建筑木构架的完整，主要承载天花板及挑檐的受力。后来随着木构架结构的异常复杂化，以及整体性更完善后，斗拱的承重功能逐渐减弱，形式也越发轻巧，排列更加密集，装饰功能尤为凸显。

从调研过的天后宫、福建会馆来看，斗拱所表现的海洋文化特征尤为突出。它不像宗教寺庙建筑的斗拱那般严肃工整，也不像一般宫式建筑的斗拱那般严守法则，而是拟物象形，斗拱的部分构件直接做成云朵、浪花的形式，表现出丰富的文化传统和对于海神妈祖乘风破浪、云游于云端的想象，掺加了当地民众对于海神文化的理解和表达形式，具有鲜明的海洋特性。

2.3.4.3 屋顶

因妈祖庙起源于福建莆田地区，当地多台风，所以福建地区小型天后宫的屋顶样式多采用硬山，可防止台风侵袭，而在规模等级较高的天后宫则采用重檐歇山顶（图 2-24、图 2-25）。此外，不同地区的天后宫、福建会馆的屋顶形式也带有其地方特色。如福建地区的天后宫屋顶较为高耸，两端起翘，正脊生起明显，采用大弧度曲线，形成了非常丰富的天际轮廓线，充盈着活力和美感，具有典型的女性特征。而其他地域的天后宫、福建会馆则受当地建筑风格的影响，呈现不同的屋顶形式。山东地区的天后宫，屋顶正脊生起幅度较小，屋角基本无生起，采用的是山东的地方构架做法，明显区别于福建地区天后宫屋顶的普遍做法。贵州镇远天后宫，正殿屋顶砌筑为九脊重檐四面落水的歇山式，屋面起翘，是与苗族、侗族建筑形式结合而成的。“凤尾呈现向外伸展和蜷曲形状，彩色的五彩瓷在两端做成双龙戏珠式，四面的岔脊组合成一幅凤凰的图案，对应大龙脊形成龙凤呈祥。”

图 2-24　湄洲妈祖祖庙重檐歇山顶

图 2-25　贵州镇远天后宫重檐歇山顶

2.3.4.4 卷棚顶

闽南谚语说“庙歇神兴、厝斜人贫”，意思是庙宇建筑的屋面坡度要陡斜才能显得巍峨，神仙的香火才能旺盛。但在中国古建筑构造中，脊檩、金檩、檐檩的升起值都非常有限，所以很多重要的寺庙、

图 2-26　四川仙市天后宫卷棚顶

祠堂建筑为了获得陡峭的屋面形式，常常将屋脊加高，增加脊部的陡峭形象，再在室内做相应处理，降低室内高度。[1] 因此，在天后宫、福建会馆中便引入了可以达到这一效果的结构形式——“轩”，即卷棚。卷棚顶一般用在正殿的前檐位置，以此降低室内高度，也起到由室外空间到祭拜空间的过渡作用。在内陆地区的一些福建会馆中，建筑内部的吊顶形式也延续了这种构造方式，如贵州镇远天后宫、四川仙市天后宫（图 2-26）就采用了这种形式。

2.3.4.5　减柱造和移柱造

正殿的结构多采用减柱的形式，创造了相对开敞的祭拜空间。除正殿外，福建会馆中的戏台建筑因需要开敞的表演空间，多采用减柱和移柱的构造形式。如福建西陂天后宫、芷江天后宫的戏台为减少柱子对表演者的干扰和遮挡，在第二层的表演空间就减去了两根金柱和中柱，底层为增加对荷载的承受能力，还存在两根柱子。再如上海三山会馆、凤凰天后宫的戏台，通过明间的四根中柱形成六边形平面，次间的两根中柱与明间的两根金柱之间砌墙，形成戏台的入口与出口，整个舞台的后侧形成一个向外扩散的空间。在调研的过程中也发现，若戏台面阔较大，戏台就不需要采用减柱造或移柱造的形式，如衢州天后宫的戏台，表演空间为三开间，足以满足表演的需求，无须做减柱处理。

1　赵素菊．山东妈祖建筑初探 [D]．青岛：青岛理工大学，2008.

2.3.5 天后宫、福建会馆的装饰手法

天后宫、福建会馆建筑装饰设计涵盖了各种传统制作工艺，其中包括木雕、石雕、砖雕及灰塑等。

2.3.5.1 木雕

天后宫、福建会馆建筑装饰中的木雕工艺源远流长，雕刻技术超群。木雕都雕刻在建筑的构件上，原本生硬的建筑构件，经过雕刻技术的加工，变得轻巧精美。建筑不同部位的木雕，雕刻技术也有所不同，通常有浮雕、镂雕、平雕、线雕等多种工艺手法。其中，最普遍的木雕装饰构件有屋檐、梁柱、垂花、门楼等。在房间的隔断、门窗上多采用镂雕的手法；而梁架、柱头多采用浮雕等手法。此外，木雕的装饰内容丰富多样。除了中国传统古建筑中常用的龙凤、蝙蝠、麒麟、花鸟、瑞兽等，还有很多体现天后宫、福建会馆独特海洋文化特征的装饰内容，如鱼、虾等海洋动物以及海草等水生植物的装饰纹样。总之，木雕技术是天后宫、福建会馆中运用最广泛的装饰手法，木雕装饰有简有繁，使得整个天后宫、福建会馆的装饰韵味十足。

2.3.5.2 石雕

石雕艺术在我国有着长远的历史，而闽南地区的石雕技术更是闽南民俗工艺的精髓，尤以惠安石雕闻名于世。故在天后宫、福建会馆中，大部分建筑中都有着极为精致的石雕。闽南地区的石雕技术囊括了多元文化，在选材上非常广阔，最为人称道的当属蟠龙柱，多见于正殿和山门的柱子上，体现了闽南地区高超的石雕工艺。另外，闽南地区的石雕工艺往往不拘泥于传统的创作手法，会通过不断学习和借鉴优秀的技艺和方法，取众家之长。

2.3.5.3 砖雕

相较于石雕工艺，砖雕装饰设计常用在天后宫、福建会馆的照壁、牌坊、墙檐、门窗等建筑体积大、装饰较为明显的外墙中。砖雕多刻在青砖上，一般会保留砖的本色。因为对青砖的材料选择、成

型、烧制等工序要求非常严格，所以成品青砖坚实且细腻，非常适合雕刻。在中国大型古建筑的装饰中，砖雕是最重要的一种艺术形式。此外，砖雕的装饰内容多以民间故事为主，如庆安会馆中的宫门及大殿的墙面上，就有不少砖雕艺术品，有关于妈祖的传说，有民间戏剧中的人物事迹，以及反映沿海居民生活的渔樵农耕等故事情景（图 2-27）。总之，这些装饰手法丰富了福建会馆中的建筑装饰，也体现了福建人在当时当地的影响力。这些建筑装饰也是建造者身份的象征。

图 2-27　浙江宁波庆安会馆砖雕

2.3.5.4　灰塑

灰塑也称彩塑、泥塑，是闽南地区常用在屋顶建筑中的一种装饰手法。它所用材料主要以石灰为主，制作出形态各异、色彩绚丽的花卉鸟兽图案。灰塑装饰一般较为立体，故经常用在屋脊的脊垛、山墙的翘尾上。灰塑的装饰主体多为蕴含着吉祥如意含义的装饰图案，如“福禄寿”“年年有余”“千孙百子”“岁岁平安”等。在福建地区，灰塑多为彩色，颜色较艳丽，这也是闽南建筑特色的一种体现。而其他地区的灰塑装饰较为古朴典雅，如庆安会馆、镇远天后宫等。这也说明不同地域的福建会馆中闽南建筑风格与本土建筑风格相融合（图 2-28、图 2-29）。

图 2-28 贵州镇远天后宫灰塑

图 2-29 浙江宁波庆安会馆灰塑

总之，天后宫、福建会馆中的建筑装饰无不透露出人们对妈祖的依赖、信奉，渴望妈祖庇佑的心理。建筑中的装饰造型充分反映了妈祖文化的内涵和特征，突出了妈祖文化中最典型的海洋性特征以及妈祖的女性特征。这也充分证实了天后宫、福建会馆是妈祖文化的物质载体这一事实。而且，建筑装饰被赋予了深刻的教育意义和思想内涵，就像有了神圣的灵魂和强大的生命力一样，这也是妈祖文化得以传播最直接有效的推动力。

2.3.6 天后宫、福建会馆的细部特征

2.3.6.1 蟠龙柱

图 2-30 泉州天后宫蟠龙柱

天后宫、福建会馆的石雕中最具代表性的便是蟠龙柱。蟠龙柱大多分为三段：柱础为石基，中间为雕刻石柱，顶部为木柱。最精彩的部分当属中间雕刻有蟠龙的石柱部分，雕工十分传神，每一石柱上盘着的石龙呈S形，龙头昂起，与之对称的石龙四目相对，呼之欲出，气韵生动，工艺精湛，体现了闽南工匠技艺超群的建造工艺。蟠龙柱是天后宫、福建会馆中最具保存价值的工艺品之一，具有极高的历史价值和艺术价值。同时，这些雕刻精美的石柱也象征着天后至高无上的地位。蟠龙柱多用在天后宫、福建会馆的山门、正殿，一般两两相对，龙的姿态基本相似，一般头上尾下，多为激荡雨浪、腾空而起直上九天的形象，称为“海龙”。龙柱上经常配以云纹、水纹，或一些虾、蟹等水生动物。将龙的形象与妈祖文化的海洋性结合在一起（图 2-30）。

2.3.6.2 藻井

天后宫、福建会馆的戏台是在有重大纪念活动时，表演节目的场所，大多数戏台内都有一个很重要的建筑元素——藻井。藻井位于戏台顶部的中央，底部多为圆形或正六边形、正八边形，整个藻井的结

构体系是通过木构件层层叠起，最后汇聚一点而形成。藻井除具有很强的装饰性以外，最大的价值在于它的“扩音效果”，藻井可以使表演空间的声音很快吸到顶内，起到拢音的作用，并将声音清晰地传到观演空间的每个角落，起到扩音的作用（图 2-31、图 2-32）。

图 2-31　泉州天后宫藻井

图 2-32　芷江天后宫藻井

此外，藻井也是天后宫、福建会馆中最重要的装饰部位。它是中国传统宫庙建筑中最独特的部分，它的主要结构由烦琐的木构件组合而成，其主要装饰也围绕着木构件展开。通常情况下，藻井装饰为向上隆起的井形装饰，多为圆形和正多边形，周围施以彩绘、雕刻、纹样等。

2.3.6.3　红砖外墙

红砖墙体也是闽南建筑中最具特色的装饰手法，常见于建筑的正身墙和山墙部位。因红砖色彩艳丽，又是闽南建筑中的一大特色，在天后宫、福建会馆中也得到了广泛应用。如泉州天后宫中，山门、正殿多用红砖墙面，由红砖组成的图案丰富多样。在福建，红砖已经不仅仅作为建筑材料使用，还是一种装饰特色，闽南建筑中绚丽的红砖红瓦，也体现了妈祖文化对其深远的影响，体现了妈祖的女性特征。

2.3.6.4　燕尾脊

闽南大型传统建筑中，非常强调屋脊起翘。一般屋脊起翘显著，使得正脊弯曲很大，从而让屋顶看起来更加灵动。屋顶正脊两端起翘呈尖脊，样子似燕尾，且两端末端分叉为二，俗称“燕尾脊”。燕尾起源于中国宫廷建筑的鹃尾，其燕尾屋顶代表了神圣不可侵犯的意义。[1] 燕尾有单曲和双曲之分，顶部较高耸，两端多镶嵌色彩斑斓的花鸟虫鱼瓷雕等，再加上屋脊曲线的强调处理，形成丰富的天际轮廓线。随着福建会馆的建立，“燕尾脊”传播到各个地区。

2.4 天后宫、福建会馆建筑实例分析

2.4.1 福建莆田湄洲妈祖祖庙

湄洲妈祖祖庙建筑群是目前世界上规模最大的妈祖庙建筑群，它位于福建省莆田市湄洲岛上，依山傍海，是所有天后宫、福建会馆的祖庙。很多天后宫、福建会馆祭拜的妈祖像都是由此分灵出去的。

2.4.1.1 历史沿革

湄洲妈祖祖庙于北宋雍熙四年（987 年）建立，最初叫“神女祠”，庙宇较小，供奉“通贤灵女”，即妈祖。没过多久海商三宝第一次扩建，至北宋仁宗年间（1023—1032 年）又增建廊庑；福建两司宫捐楮币万缗于开庆元年（1259 年）助修，泉州卫指挥周坐于明洪武七年（1374 年）重建寝殿，又建香亭、钟鼓楼、山门；又有张指挥创建一座朝天阁，祖庙逐步完善。后郑和先后三次来湄洲，由朝廷和郑和共同出资，对祖庙进行全面整修扩建。

清康熙二十二年（1683 年），朝廷命兴化海防厅张同、兴化府同知林升将原朝天阁改建为正殿，与钟鼓楼、山门同属一条轴线，并在轴线末端另建朝天阁。施琅在朝天阁旁又捐建一座梳妆楼。后又在光绪三年（1877 年）、民国三十六年（1947 年）进行过重修。湄洲妈祖祖庙是我国重要的旅游胜地，也是全国重点文物保护单位，世界各地前往参观和朝拜的人络绎不绝（图 2-33）。

---

1 许勇铁．燕脊红瓦，岁月留痕——闽南红砖大厝的装饰艺术探微 [J]．建筑知识，2004(6)：5-8.

图 2-33 湄洲妈祖祖庙

2.4.1.2 建筑现状

（1）平面布局

现存的湄洲妈祖祖庙依山势而建，以正殿为主要轴线，纵深三百多米，高差四十多米。由山脚而上，要经过长廊、山门、圣旨门再到正殿，共有 320 级台阶。正殿前广场两侧分布着钟楼、鼓楼，穿过正殿继续向上是朝天阁（图 2-34）。

目前，祖庙建筑群中的正殿和天后殿中都供奉妈祖，据建造历程来看，天后殿（“寝殿”）是祖庙建筑群中最核心的建筑，殿前有大片空地，为主要祭祀广场。

（2）空间结构

①圣旨门

圣旨门也称“仪门”，始建于清代，后台湾大甲镇澜宫董事会捐资于 1989 年重建。因历朝历代统治者 36 次都在这里颁布褒封妈祖的“圣旨”，故称之为“圣旨门”。圣旨门为三重檐三开间进制，竖匾悬挂正中，上书“圣旨”二字，金碧辉煌，古时的圣旨门神圣而威严，旧时有通过此门时“文武百官下轿下马”的说法（图 2-35）。

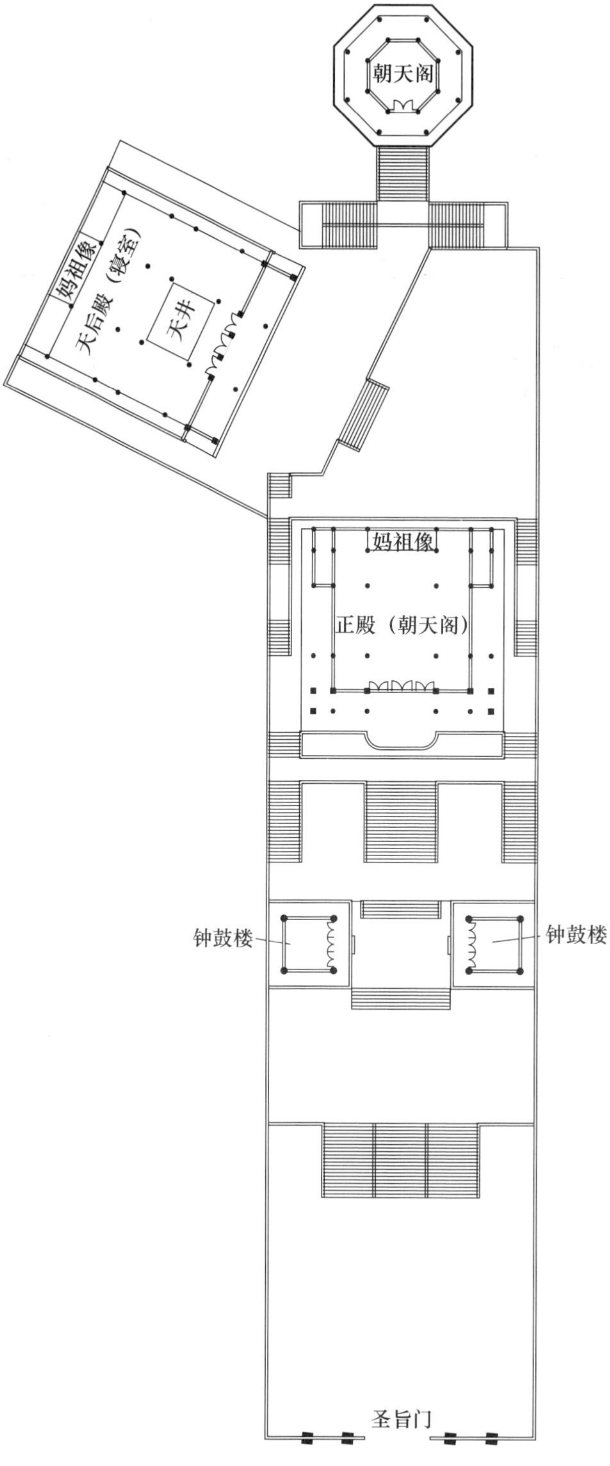

图 2-34　福建莆田湄洲妈祖祖庙平面图

图 2-35 圣旨门

②钟鼓楼

钟鼓楼是中国寺庙建筑中的标配，故天后宫中也常常有钟鼓楼（图 2-36）。祖庙中的钟鼓楼建于清代，1989 年重修。钟鼓楼原为佛教寺中早晚报时之用，祖庙中也是如此，即日出敲钟，日落打鼓。

图 2-36 钟鼓楼

③正殿（朝天阁）

正殿于明成祖年间（1403 年）由三宝太监奉旨派官员建造，原为朝天阁。清康熙二十二年（1683 年），福建总督姚启圣将原朝天阁改为正殿。正殿仍保有清代建筑风格，为三开间一进深的抬梁式结构建筑，屋顶为重檐歇山顶。殿内供奉有妈祖及仙班（图 2-37、图 2-38）。

图 2-37 正殿

图 2-38 朝天阁

④天后殿（寝殿）

天后殿是妈祖祖庙中最重要的殿堂之一，始建于宋雍熙四年（987年），民间又称“寝殿”，天后殿坐北朝南，占地面积238平方米。目前存在的建筑是民国年间再度重修的，天后殿仍保有明代布局和清代风格，也有部分构件是清代留下来的。整个天后殿由门殿、主殿和两庑构成，主殿规制为三开间五进深，主体结构形式为抬梁式，屋顶为单檐歇山顶（图2-39）。

湄洲妈祖祖庙顺应山势而建，空间层次丰富，在一个序列上有圣旨门、钟鼓楼、正殿等建筑物，建筑单体之间通过广场连接，整个建筑群气势恢宏，依山傍海。

图2-39　天后殿

2.4.2　贵州镇远天后宫

镇远天后宫位于贵州镇远县舞阳镇新中街，南临舞阳河，北靠石屏山，地势高耸险峻，故镇远天后宫极具山地建筑特点。1985年，镇远天后宫被列为贵州省重点文物保护单位（图2-40）。

图 2-40 镇远天后宫

2.4.2.1 历史沿革

镇远古城，古为黔东地区的政治、经济、文化中心和重要的水陆交通枢纽，镇远县城为沅江上游的水运起点，是黔东“舍舟登陆”之地，在古代交通上起到了举足轻重的作用。故各地商人前来镇远建造会馆，镇远古镇中的万寿宫、天后宫等会馆建筑仍保留至今。

镇远天后宫是福建商人为纪念妈祖和作为福建同乡会馆而建，始建于明代，原称“天妃庙”，在城中玄妙观内。后又在府城西门附近建天后宫，但于清咸丰年间毁于火。清同治十二年（1873 年）由镇远知县福建人林品南募资重建，历时 4 年建成，即今日呈现的镇远天后宫格局。

2.4.2.2 建筑现状

（1）平面布局

镇远天后宫占地面积 2372 平方米，建筑面积 1200 平方米。坐北朝南，背山面水，门临大街。天后宫所建地势较高，门前直铺 88 级宽石台阶。主要建筑有山门、戏台、正殿、东西两厢房、耳房、后厢房等。建筑均为穿斗式木结构，屋面以青瓦覆盖。殿内供奉海神妈祖。镇远天后宫是所有天后宫中与地形地势结合最为密切的天后宫，呈现出鲜明的山地建筑特色（图 2-41）。

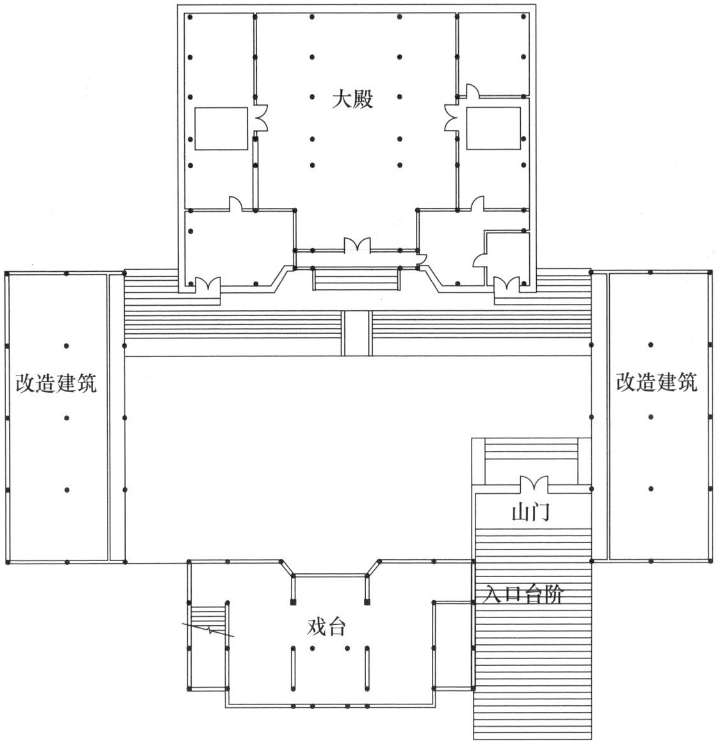

图 2-41　贵州镇远天后宫平面图

（2）空间结构

①山门

镇远天后宫山门为石板牌楼式，屋顶为歇山顶。山门面阔三间，中间设门扇，两边砌砖墙，中间门扇面阔约 3.6 米，通高 9 米。山门中依稀还有一些石雕工艺存在。如中央顶部斗栱下砌有“双凤”，再下有门额“天后宫”，周边施以双龙戏水浮雕。

②大殿

大殿位于庭院 9 级台阶之上，高 11 米，面阔三间，进深七间，位于戏台后方（图 2-42）。建筑包含前殿、后殿及前厅东西别院，墙体和前殿抱厦两侧墙相连，从而将整栋建筑围合起来。前殿面阔五间，为重檐歇山顶，厅内有藻井顶，屋檐四周有如意斗拱撑起。后殿是大殿的主体，供奉妈祖神像，屋顶为封火山墙式硬山顶，正脊饰有“双龙夺宝”。东西别院各有一个天井，以接雨水。

图 2-42 大殿

③戏台

戏台高 8 米，宽 13.5 米，出挑屋檐 1.5 米，为穿斗式结构，重檐顶。戏台共有两层，第一层作为餐饮使用，第二层为表演空间。戏台相对其他福建会馆规模较大，第二层两侧有独立的化妆室和休息室。戏台是苗族吊脚楼形式，因特殊的地理位置，外部柱基落在了高约 5 米的府城墙石基上（图 2-43）。

图 2-43 戏台

2.4.3 山东烟台福建会馆

烟台福建会馆位于烟台市中心，由福建船帮商贾集资修建，具有典型的闽南建筑风格。1996 年，烟台福建会馆被列入国家级重点文物保护单位。

2.4.3.1 历史沿革

烟台位于山东半岛东部，为京津地区的海上门户。烟台作为我国北方著名的商埠，吸引了大量海商来此发展贸易。清光绪十年（1884 年），福建人为加深南北方贸易往来，在烟台修建福建会馆，会馆历时 22 年建成。修建会馆所需银两均由福建船帮筹备，建筑所需的木、石构件也都是在泉州采办并雕刻后，再通过海运运至烟台组建完成，是地道的闽南风格的古建筑群。后随着历代的修复，又与北方建筑特色相融合，呈现出独具特色的会馆建筑风格（图 2-44）。

图 2-44　烟台福建会馆

2.4.3.2 建筑现状

（1）平面布局

烟台福建会馆坐南朝北，秉承天后宫的平面布局形式，南北长 92 米，东西宽 39 米，占地 3500 平方米，建筑面积 1459 平方米。现今的会馆是由门厅和戏台、山门、大殿围合成的二进围院式建筑群（图 2-45）。

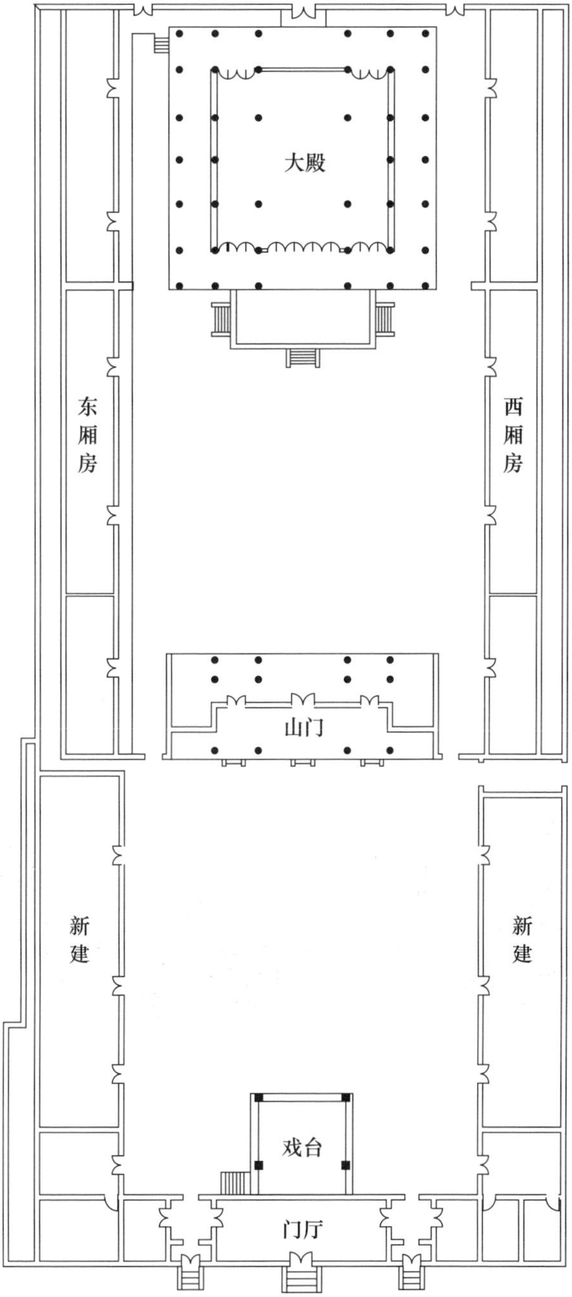

图 2-45　山东烟台福建会馆平面图

（2）空间结构

①戏台

戏台为正方形亭式建筑，表演空间被抬高1米多，下筑架空台基，由两侧台阶而上，重檐歇山顶，后檐与门厅相连。戏台共有四柱，下端为方形石柱，上端开抄手卯口嵌入木梁用以穿梁枋。石柱下为两层柱础，呈八边形和方形。屋面坡度较为缓和，只在正脊和檐口有较大起翘。除临近门厅一侧外，其他三侧外檐下都以垂莲柱为装饰，以达到较为精致的立面效果（图2-46）。

②山门

山门为穿斗式结构，面阔五间，进深五架，前后三柱。整个建筑下部为石作，起主要的支撑作用，上部为木构体系，两侧尽间砌筑山墙，墙下部分辅以花岗岩勒脚（图2-47）。整个木作结构极具福建地区特色。建筑前后开敞，只中间设置隔墙和门开启扇，中间为歇山顶，屋顶较高，两边为硬山顶，较矮。形成一高两低、一主两次的格局。

图2-46　戏台

图2-47　山门

③大殿

大殿是福建会馆中规模最大的建筑，采用穿斗与抬梁相结合的构造形式，面阔五间，进深十九架，为重檐歇山顶琉璃瓦屋面（图2-48）。正殿共有四十根柱子，形成内中外三层柱网，最外圈柱为建筑的外廊，中间圈柱直达上层屋檐，柱子间设隔墙、门扇，分隔室内外空间，柱子的上半部分与内柱通过穿枋或轩梁相连。四根内柱形成了大殿的核心区域，供人们在此祭拜妈祖。整个屋架为井字框架，枋木、雀替、槅扇等构件上也雕刻有祥禽、瑞兽、花卉、人物等装饰图案。

图 2-48　大殿

3　万寿宫与江西会馆

3.1　万寿宫、江西会馆与江右商帮

3.1.1　江右商帮与江西商人、江西移民

魏禧在《日录杂说》中如是说：“江东称江左，江西称江右。盖自江北视之，江东在左，江西在右。”因此在明清时期，不管是口头还是文书，一般称江西为“江右”，而江西商人，则被称为“江右商”或“江右商帮”。为了符合历史语境，同时为了方便叙述，我们在行文中沿用当时的语言习惯，称之为江右商帮。因此，本节所提及的江右商帮，其实是江西商人群体的总称，包括来往于各地而居住在家乡的商人群体、在移民背景下定居他乡的江西籍商人以及居无定所的江西商人等。不管是其中的哪种身份，其群体和商业影响都推动着万寿宫、江西会馆的发展演变进程。

（明）张翰说：“（江西）地产窄而生齿繁，人无积聚，质俭勤苦而多贫，多设智巧，挟技艺以经营四方。”[1] 这句话正好说明了江西因为地窄人多，人们不得不以手艺外出谋生，这些流民多从事工商业活动。因而在大规模的江西移民中，绝大部分从事商业活动，在移民的背景下，随着商品经济的发展，大量的江西商人来往于全国各地，深入市民乡井，形成了声势浩大的江右商帮，成帮成派，成行成市。在万寿宫、江西会馆逐渐蔓延到江西省内甚至到遍布全国的进程中，江西的移民风潮和移民环境是主要土壤。生活在异乡的江西籍移民，有着相同的乡土观念，一旦有一定的经济实力或者有江右商帮的参与和支持，就会想要建立会馆建筑来祭祀乡神、寄托乡情。一般没有商帮参与的会馆和万寿宫建筑规模都较小且其建造时间较早，在后期的社会发展过程中常常由于各种原因而消失。而江右商帮则是大数量、大

1　张翰．松窗梦语卷 4 商贾纪 [M]．北京：中华书局，1997.

规模的万寿宫、江西会馆建筑的缔造者和后期的主要使用和运营者。

3.1.2 江右商帮的兴起与发展

首先，江西自然环境优越，适宜农业生产，物产丰富，这是江西商业发展的基础条件。其次，隋唐以来，江西地区几乎没有遭受战争的破坏，因战争影响大量北方民众迁入江西以及国家经济中心的南移，带来了新的技术和文化。最后，江西地处江南腹地，东接闽浙，西联两湖，南邻广东，北望安徽，是联系南北、东西地域的重要交通枢纽之一，优越的地理位置成为推动商业发展的重要动力。

江右商帮开始迅速发展并进入兴盛时期，逐渐成为历史记载中的中国十大商帮之一。在江西地区商品经济逐渐发展的基础上，江右商帮逐渐兴起的主要原因有二：一是从明代开始的江西大规模移民运动，这些移民由江西流向人烟稀少的区域和商业欠发达的区域，这些移民大多数以商业贸易为生，人数众多的江西移民风潮是江右商帮兴起并逐渐遍布全国的土壤和基础。二是由于明朝政府设定的禁海政策，为了防止倭寇的骚扰以及希望建立一个稳定的社会经济环境，减少外来商贸的影响，实行了长时期的海禁。这实际上造成了广州一口通商的商业局面，并一直持续到清代鸦片战争以前。这一特殊状况导致运河—长江—赣江—北江这条通道不仅成为国内南北贸易的主要通道，也成为对外贸易的主要通道。

其中，贯穿江西南北的赣江段占这条主要通道全长的近三分之一，这使得江西在国内、对外贸易中都占据着极大的地理位置优势。这些条件为江西商品经济的发展和江右商帮的兴起提供了基础环境以及前所未有的机遇。

江西物产丰富，全省各府各市人民普遍经商，其经商的行业不仅包括粮食、食盐等这样的大宗商品，还大范围地包括江西地区的特色商品、杂货、土特产等，其行业涉及瓷器、茶叶、纸张、木竹、油料、药材、柑橘等。在此基础上，有些地区形成了盛极一时的著名商帮和商业重镇。如樟树药帮，形成樟树镇“药都”的美誉，同时在许真君的相关事迹中，也流传着其施药行医救人之说，因此在药帮在外地建立的江西会馆也特别祭祀许真君，许真君不仅是其商业神祇，也是其行业神祇（图 3-1）。

图 3-1　皇宫派中使到樟树采药图

3.1.3　万寿宫概述

许真君许逊，字敬之，南昌人，在成为真君之前，因修道被称为真人，时任旌阳（今四川德阳）县令。因为其爱民如子、治理有功而被称为许旌阳；辞官回家后，因降服了在江西为患的孽龙、治理了水患而被南昌地区的民众所信奉，后随着时代发展成为全省信奉的地方神祇。在晚年时期又因战争问题不辞辛劳，奔赴国难。许逊最终修道成功在西山拔宅飞升，留下“忠孝廉慎宽裕容忍”八字真言，观其功德，被人们称为“江西福主”和“忠孝神仙”等。宋徽宗政和六年（1116 年），尊其为“神功妙济真君”，从此，许逊被称为“许真君”（图 3-2）。

因此建立的万寿宫有时也被称为“许仙祠”“旌阳祠”或“真君庙”等。

图 3-2　许逊雕像

万寿宫起源于祭祀许逊的庙宇。建于晋怀帝永嘉六年（312 年）的南昌西山万寿宫和约建于晋孝武帝宁康二年（374 年）的南昌铁柱万寿宫被认为是万寿宫的祖庭。随着时间的演变，许真君逐渐成为江西民间普遍信仰的神祇，为江右商帮信奉许真君打下了思想基础，万寿宫也随之慢慢遍布全省全国（图 3-3～图 3-6）。

图 3-3 江西南昌西山万寿宫

图 3-4 江西赣州宁都县小布镇万寿宫

图 3-5 贵州石阡万寿宫

图 3-6 贵州镇远万寿宫

3.1.4 江西会馆概述

江西会馆产生的大环境就是流民运动，使其产生的内在因素就是中国人的乡土观念。当人们身处异乡时，不同的地域文化使得流民难以融入当地，陌生的他乡催生了人们的乡愁，在异乡的同乡人迫切地希望通过乡土观念连接起来，彼此之间可以相互联络、守望互助。于是流落异乡的同乡人迫切地需要一个能够容纳他们商量议事、祭祀地方神祇等的空间，而会馆就是在这样的背景下产生的。

同时会馆也祭祀与原乡相同的地方神祇，因此有时候会馆也会以“某某庙”或“某某宫”命名。由于许真君信仰在江西地方神祇信仰中的普及，外出的很多江西人都祭祀许真君，且其布局与江西的万寿宫庙宇相似，因此很多江西会馆也会被称为“万寿宫”“江西庙”“旌阳祠”等。有一些地区的人们可能信奉如同为江西地方水神的“萧公”“晏公”等地方神祇，在外地建立的江西会馆也会被称为萧公祠、水府祠等。这是由江西民间信仰的复杂性和多样性造成的。不管这些建筑拥有什么纷繁复杂的称谓，当其功能包括同乡集会、议事、祭祀神祇等时，其本质就是会馆建筑，我们都可以将其归纳在江西会馆这一大的名词范围内。

在明清时期江西移民的背景下，在江右商帮的兴起和助力下，江西会馆建筑广泛分布在全国各地（图 3-7、图 3-8）。

图 3-7　贵州思南江西会馆

图 3-8　湖南黔城江西会馆

3.2　万寿宫、江西会馆的传播与分布

3.2.1　江右商帮的经商线路

江右商帮在江西内陆的经商线路依赖于江西地区的自然水系和陆路交通，形成了以鄱阳湖为交通中枢，以五条主要的河流赣江、抚河、修水、信江、饶河及其支流为主要经商线路的商业格局，这样完善的商业线路把江西连成一体。山区等水路不通的地区则利用形成的驿道等完善江右商帮在江西地区的商业网络，形成了江西地区完整的水陆交通体系及经商线路。江右商帮以鄱阳湖为中心，向上可由九江进入长江流域地区；沿抚河可到抚州等地；沿赣江及其支流可到丰

城、吉安、赣州等地；沿饶河可到鄱阳、景德镇等地，沿信江可到上饶等地。

长江及其支流一直是中国南部地区最重要的水运线路，从鄱阳湖出九江可进入长江。九江作为鄱阳湖区以及江西联系中国广大区域的重要商品集散地，是江西北部的咽喉，享有“路通五岭，北导长江，远行岷江”的美誉。由九江出江西沿长江而上到湖北、湖南、陕西和云贵川一带；沿长江而下能到安徽、江苏等地区。而长江的支流如汉江、湘江、乌江等重要支流都帮助江右商帮扩张了其经商领域。长江及其支流沿线也是江右商帮的重点经商领域。

明清时期，运河—长江—赣江—北江这条通道不仅是国内南北贸易的主要通道，也是对外贸易的主要通道，因此大运河沿线也成为重要的商品流通线路，促进了沿线社会经济和商品贸易的发展。而大部分商帮在选择出九江沿长江流域经商的同时，也有小部分江右商帮选择继续深入京杭大运河进行商业贸易，这不仅因为运河沿线商业利润的吸引力，也因为北京作为政治、经济、文化中心的吸引力。同时，江右商帮在大运河沿线进行商业贸易时，也会深入淮河等水系和沿海部分口岸进行活动。

省外延伸线主要是指除去前面已提到的由鄱阳湖入长江方向的线路之外，江西与相邻省份之间的商贸线路。

3.2.2 万寿宫、江西会馆的分布区域和特征

通过对大量的文献整理，笔者总共梳理出 1588 座史料记载中全国范围内的万寿宫和江西会馆。

关于现存的万寿宫、江西会馆的数量统计，由于万寿宫分布广，调研难度大，现统计的总数量为实地调研、现有人明确提及或有图片为证的，相信还有一部分隐藏在我们的视野之外。目前统计的现存万寿宫和江西会馆的总数为 115 座（图 3-9）。

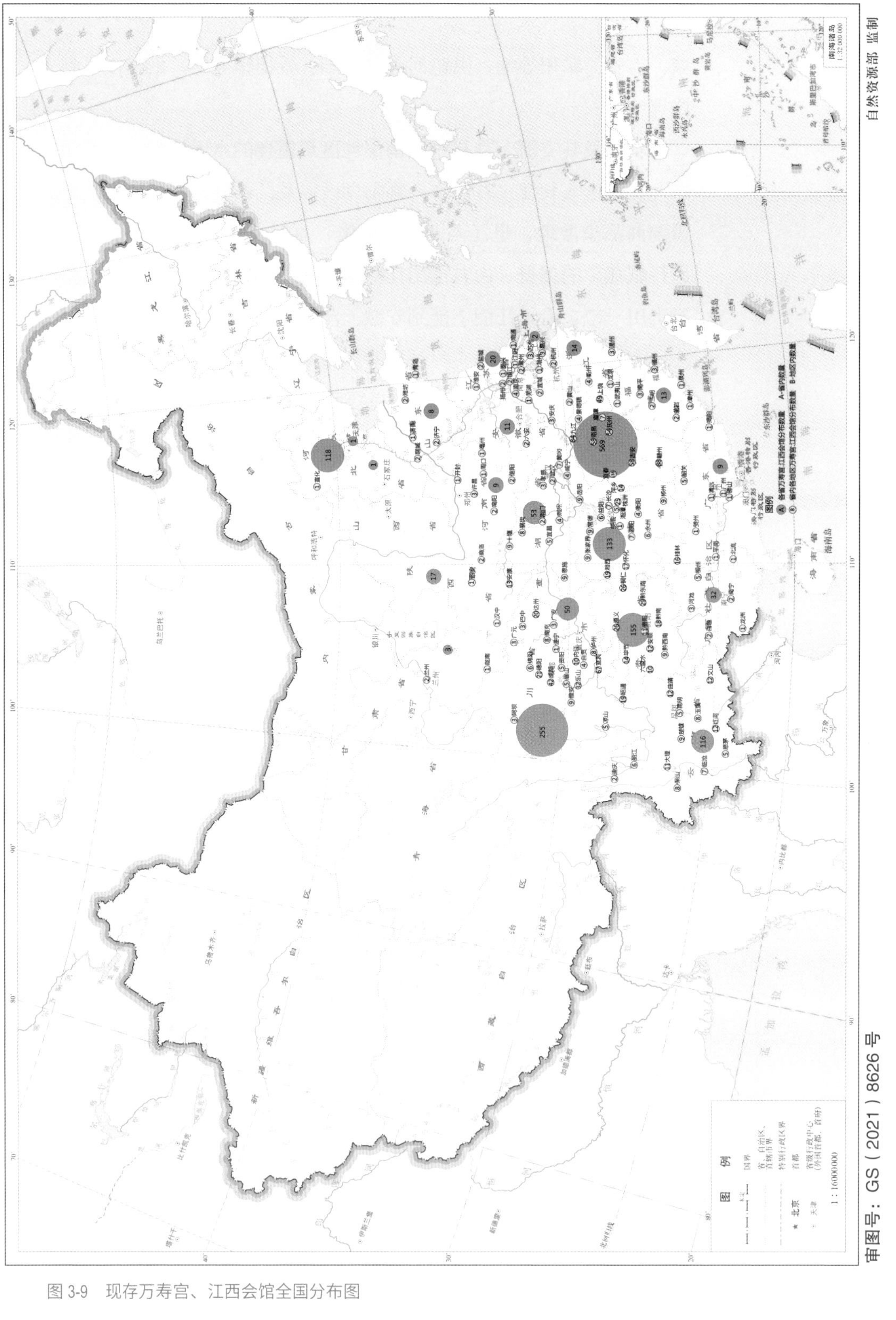

图 3-9 现存万寿宫、江西会馆全国分布图

3.3 万寿宫、江西会馆的建筑形态

3.3.1 万寿宫、江西会馆的选址特点

万寿宫、江西会馆的选址与建立者以及建立原因等密切相关。万寿宫以祭祀许真君为主，受当地神祇文化的传播的影响最深，其选址大多为大大小小的城镇和乡村，且处于村落空间的重要位置，如村落入口或中心地带。而江西会馆作为江西人在异地的同乡建筑，与江西人的移民或经商相关，其大多靠近江河，濒临码头，位于移民和经商线路上的商业、移民城镇。同时随着江右商帮的影响，很多万寿宫的性质发生转变，逐渐带有会馆的性质，万寿宫和江西会馆选址的相似性逐渐增加。

3.3.1.1 万寿宫的选址

如前文所述，万寿宫是祭祀许真君的庙宇，而许真君是江西民众所信奉的地方神祇。因此，单纯以祭祀许真君为主的万寿宫主要分布在江西省。最开始建立的万寿宫主要选择在和许真君传说相关联的地点建立庙宇以祭祀许真君。如万寿宫的祖庭之一的西山玉隆万寿宫就建立在江西省南昌市西山镇逍遥山，这里据说是许真君当年拔宅飞升之地；南昌铁柱万寿宫，位于南昌广润门左侧，据传此地原为许真君当年镇蛟之所。随着对许真君的信仰在江西的广泛传播，大量的万寿宫随之建立，这些万寿宫的选址与其他宫庙祠堂的选址相似，哪里有人信仰许真君，哪里就可能建立万寿宫，大小府、县、乡村中广泛分布，不拘形制的大小，其中主要是在人口密集的城镇和乡村，且处于村落空间的重要位置，如村落入口或中心地带。同时随着江西地区商品经济飞速发展，大量万寿宫建立在与墟场相关的地方，作为市场的标志物及祭祀空间使用。明清时期，由于商业经济的发展，这时期建立的纯粹性质的万寿宫已经较少，大都带有移民和商业的文化特质，万寿宫建筑在这一时期慢慢转变为祭祀性庙宇和会馆建筑的结合体。

3.3.1.2 江西会馆的选址

选址大环境：大多处在经济繁华的业缘性古镇、重要的商业和移民城镇。同时，会馆的性质和职能使得会馆选址尽可能靠近城镇中的商业繁茂区域。其具体位置也与江右商帮在当地的势力有关，同时，会馆建筑对于流落外地的同乡人来说是同乡的标志性建筑和本土文化认同的象征，因此它的选址要带有一定的标志性，讲究气势。江西会馆的选址特征主要如下：

（1）靠近江河，濒临码头

明清时期发达的商业经济离不开四通八达的水路。江右商帮活跃的表现也是关乎于此的。如前文所介绍的，江右商帮主要是沿着连接江西的发达水系在全国范围内展开广泛商业活动的，在选择兴建会馆地址时，商人首先考虑的就是商贸便利的需求，同时便于解决商业纠纷等问题，这使得会馆的选址尽可能靠近流通货物的江河水系和水运上下货的码头，江右商帮也大多选择在此处兴建会馆。例如，湖南黔城和湖南浦市江西会馆，同处于沅水沿岸，门前就是万寿宫码头。沅水及其支流舞阳河、清水江等是江右商帮和移民进入湖南后继续进入贵州的重要水路。

（2）陆路商道的重要节点

虽然明清时期水路是交通运输的主要途径，但中国地域辽阔，在一些水运不通的地方，形成了重要的陆路交通商道，其与水运线路一起造就了江右商帮辽阔的商业领域。因此，在陆路交通要塞和货物转运点，不仅产生了因商业而兴的城镇，江右商帮也选择在此建设自己的会馆，例如位于茶马古道上的普洱江西会馆。

（3）与传统祠庙、道观相结合

首先，从名称上就可以看出来，江西会馆又称“万寿宫”，与传统祠庙、道观的关系显而易见。以抚州玉隆万寿宫为例，在历史沿革上，它最早称作文兴庵，后抚州民众在文兴庵右侧捐建许旌阳祠，后来又将文兴庵、许旌阳祠、火神庙等周边建筑融合并进行扩建，最终形成现在的万寿宫。再如，贵州思南万寿宫，原名“水府祠”，清朝年间实力不断壮大的江西商人捐募巨资，在此基础上进行扩建作为江西人的会馆，并更名为万寿宫，沿用至今。位于重庆江津区西湖镇的江西会馆，由此地的郑氏江西籍民众的祠堂改建而成，当地人现在仍称之为郑家祠堂。

（4）易受风水影响

中国古建筑上到皇家殿堂，下到祠堂民居，都不可避免地受到风水学说的影响。例如，重庆江西会馆就选址于重庆东水门一带，按照风水学说，河道弯曲的内侧是“吉地”，河道弯曲的外侧是“凶地”，此地恰好是朱雀翔舞之地，风水很好；再如龙潭万寿宫，由于后殿临街，为了避免风水上所说的气不能直冲厅堂，在后殿与主街之间设置照壁。万寿宫讲究风水由此可见一斑。

3.3.2 万寿宫、江西会馆的布局特点

根据文献资料及实际调研情况可知，万寿宫、江西会馆建筑中，除了西山玉隆万寿宫形成庞大的建筑群之外，其他万寿宫和江西会馆建筑基本都是以院落和天井为中心组成的建筑。在此我们仅研究这些建筑的平面布局特征。关于西山万寿宫祖庭布局的形成的原因和特点，在后面案例中会有单独介绍。

在布局的总体特征上，与一般传统建筑一样，万寿宫和江西会馆都有着沿轴线布局、以院落和天井来组织空间、营造序列和高差等共性特征。然而由于建造目的、使用功能、所处地域等多方面的影响，在这些共性特征中同时也存在一些不同之处。万寿宫和江西会馆大多沿轴线布局，然而由于江西会馆为身处异地的同乡建筑，其所处环境以及受到的影响因素较单纯的祭祀性万寿宫更为复杂，导致很多江西会馆的轴线及高差营造等较万寿宫更加灵活多变，呈现出更加多样的建筑样貌。具体情况在下文会一一进行阐述。

3.3.2.1 轴线

遵循着中国传统建筑布局的特点，万寿宫、江西会馆的建筑布局也有着明显的轴线和序列特征。建筑一般分为沿一条轴线和沿多条

轴线的布局形式。沿一条轴线布局的万寿宫、江西会馆建筑，沿中轴线对称布置，沿中轴线一般布置着山门、戏台、正殿等主要建筑，厢房、廊道等其他建筑则对称分布在轴线两侧。当万寿宫、江西会馆建筑沿多条主要轴线布局时，中间轴线为主轴线，主轴线的建筑布局与仅沿一条轴线布局的万寿宫、江西会馆建筑一样。次轴线上的建筑布局也是沿本轴线对称布置有入口、配殿、厢房等其他辅助用房等建筑，入口形制较主要入口简单低调，建筑形制较沿主轴线布局的建筑形制小。进入主轴线与两侧次轴线的空间有单独的入口，保证主要建筑与两侧次要建筑的相对对立性。在进入内部空间后，主次轴线功能空间的连接主要通过两侧山墙上开设的小门，保持着一种分而不离的空间状态。

万寿宫一般沿轴线布局，然而，有时由于建筑所处环境或风水等的影响，某些江西会馆的山门或部分建筑可能偏离主轴线布局，如石阡江西会馆、镇远江西会馆；还有部分江西会馆建筑由于地形或功能设置等原因，轴线关系较为混乱，如江苏窑湾镇江西会馆，由于沿街设置店铺及其内部祭祀医药界祖师爷韦真人，主入口门楼处于建筑一角，建筑轴线关系较为混乱。

3.3.2.2 序列与高差

万寿宫、江西会馆建筑非常讲究营造空间的序列感，善于营造丰富的空间感受。同喜欢讲究仪式感和空间感受的中国传统建筑一样，建筑通常在建筑的纵向（建筑流线）上营造建筑空间的变化，万寿宫、江西会馆建筑也主要沿着轴线来营造建筑的序列感、仪式感。其中一个重要的手法就是建筑空间的开合和建筑高差的营造。一般在进入建筑之前就开始营造，人们经过高高的台阶到达山门，然后看到万寿宫、江西会馆建筑标志性的华丽山门，在进入建筑之前就使人感受到建筑的气势。再进入建筑内部，通过层层的台阶进入院落及主要建筑，一般主殿是处在建筑群的最高处，建筑空间也由开放到私密，由疏到密逐渐过渡，借此区分空间以及产生建筑空间的序列感，从而使人们在浏览建筑时产生不同的空间感受。同时，这种高差的处理手法一方面也是为了使建筑更好地适应所在地形环境。

在高差的处理和空间氛围的营造上，万寿宫的选址大多位于场镇的中心地带且处在江西的丘陵和平原较为平坦的土地上，因此万寿宫一般较少利用高差来营造空间序列，而江西会馆特别是位于西南地区的江西会馆，多位于地形起伏较大的区域，这种高差处理更为明显，如四川白鹿万寿宫、贵州石阡江西会馆，再如贵州思南江西会馆，依山而建，沿大门前的几十级台阶层层而上，穿过山门，经过戏台下部再次拾级而上，进入院落空间，再经过台阶才逐渐进入过殿和正殿。这不仅是地形的处理，还是一种空间序列感的处理和对所祭对象的仪式感的营造。

3.3.2.3 以院落和天井来组织空间

万寿宫、江西会馆建筑是通过院落来组织建筑和空间的。综合研究案例和调研资料发现，一般万寿宫、江西会馆中的院落和天井主要存在三种形式：一是由围墙或辅助建筑围成的进入标志性山门之前的入口开放院落；二是由戏台和过殿围合而成的观演院落，可容纳大量的人群和举办相关活动；三是过殿与正殿或正殿与后殿围成的小院落。根据建筑的形制大小，有的可能没有第一种和第三种院落形式，第二种院落是一定存在的形式，但是有些为了确保更好的观戏体验，可能会在院落里面建造有顶的观戏厅，如抚州玉隆万寿宫和宁都小布镇万寿宫。对于第三种院落空间，空间过小的，会形成天井的布局形式，其面积较小，有采光通风之用。这三种院落沿着建筑中轴线从外到内布局，建筑空间由开放到私密，院落由大到小，这是由相对应的功能决定的。

在调研过程中发现，第二种及第三种院落和天井普遍存在于万寿宫和江西会馆建筑中，然而一般第一种院落空间只存在于万寿宫中，即标志性的万寿宫山门位于院落内部，并不直接面向街道，增加了入口前的过渡空间，加强了空间营造的序列感和仪式感；而大多数江西会馆的山门是直接面向街道和人群的，中间没有空间和视线的阻挡，这是由于江西会馆对于流落外地的同乡人来说是同乡的标志性建筑和本土文化认同的象征，其建筑也要带有一定的标志性，讲究气势。而山门则是其标志性和气势的代表特征之一，因此其山门一般直接面向街道和人群，前面一般没有院落等空间阻碍建筑气势的营造。

3.3.2.4 功能对平面布局的影响

对于祭祀性庙宇万寿宫来说，祭祀是最主要的功能，建筑平面也以祭祀许真君的殿堂为组织核心。而当万寿宫逐渐转变为会馆建筑时，会馆是以“联乡谊”和“祭乡神”两者为主的功能性建筑，其实际使用功能与宗教信仰功能缺一不可。对应在建筑平面上的代表性建筑就是戏台和正殿。前者主要履行“联乡谊”的功能，后者与祭祀性庙宇万寿宫一样履行“祭乡神”——祭祀许真君的功能。一般来说，地方神祇——许真君是人们的精神核心和乡土认同的象征，是其中最重要和最具宗教仪式感的空间，正如前面序列感的营造里提到的，正殿（许真君殿、高明殿）一般处在整个建筑群的核心位置。如果没有后殿，其一般处在轴线的末端和建筑地平面的最高处；若设有后殿，后殿虽处在轴线末端，其形制与规模明显小于正殿，让人感受到其对所祭祀乡神的尊敬。许真君殿的规模大小是根据万寿宫、江西会馆的祭祀需求以及重要性来决定的。一般而言，万寿宫中的许真君殿比江西会馆的建筑形制大。这是由祭祀性庙宇与会馆的功能差别所导致的。除了规模上的差别外，也有部分万寿宫、江西会馆中并不是只祭祀许真君，这种情况主要来源于自古以来民间信仰的复杂性和多样性以及地域文化和时间演变对万寿宫、江西会馆的影响。

对于人们行为活动的核心——戏台来说，与正殿相反，其一般处在主轴线的最前端，对于娱乐活动贫乏的古代人来说，唱戏是人们团体文娱活动的重要部分，也是会馆建筑中“联乡谊”和“祭乡神”的重要形式，是联络乡民情感和祭祀乡神的重要手段。当有了戏曲表演的空间，随之产生的就是观演空间和准备空间，故观演院落、两侧的观演廊等随之而设。万寿宫、江西会馆建筑中除这些主要功能外，还有如住宿、生活等附属功能。处在轴线前端的戏台和轴线末端的正殿、后殿以及两侧的厢房、廊道等通过围合形成了建筑的基本平面形制。当然有一些万寿宫、江西会馆，由于功能的需求，戏台不处于轴线的前端，如江苏窑湾镇江西会馆，为了在沿街面设置更多的商铺空间，建筑没有明确的轴线，戏台位于建筑纵深的末端，这也是与当时建造者的功能需求相关的，同时也体现出江右商帮文化的影响。

是否存在戏台并不是严格区分万寿宫、江西会馆建筑的因素。对于祭祀性万寿宫而言，有时为了祭祀活动的需要等原因也会建立戏台，这取决于当时的建设条件和文化影响。有的江西会馆建筑可能由于某些原因并没有戏台，但它的集会功能依然在发挥作用，例如由祠堂改建而来的重庆江津区西湖镇江西会馆。戏台只是集会与联谊功能的一大代表建筑物，大多数标志性的江西会馆都存在精美的戏楼建筑。

3.3.3 万寿宫、江西会馆的建筑特征

如前文提到的，可以说江西会馆建筑是万寿宫在特定历史时期和社会背景下逐渐转变而来的，它传承了万寿宫的相关建筑特征，同时又在地域文化和环境等多方面的影响下不断演变，最终形成极具特色的江西会馆建筑。本节将阐述万寿宫和江西会馆建筑的主要特征，包括山门、戏楼、正殿、配殿等。在这些建筑特征中，由于万寿宫大多处于江西本地，而江西会馆遍布全国大部分地区，因此在其建筑特征和构造特征上存在着一定的异同，下面将一一进行阐述。

3.3.3.1 山门

山门作为组成会馆建筑标志最为重要的一部分，其形式和特征都极大地体现了原乡的文化特征和建造者在当地的权势与地位。通过调研和资料中对万寿宫、江西会馆建筑的描述可以发现，其山门形式主要可以分为独立式、随墙式（图 3-10~ 图 3-13）。由于地域环境等影响，山门类型多样，独立式山门和随墙式山门又可以分成门洞式山门和牌坊式山门。在调研的案例中，现存万寿宫、江西会馆建筑中随墙式、牌坊式山门数量较多，也比较具有代表性。牌坊式山门的平面形式主要有两种：一种是一字形，如抚州玉隆万寿宫的山门；另一种是

八字形，如镇远江西会馆的山门、云南会泽江西会馆的山门。牌坊式山门，从建筑风格上来看，不同区域具有一定的差异性，特别是北方地区与南方地区相比，反映出其与当地文化相融合的特征。

图 3-10　独立门洞式山门

图 3-11　独立牌坊式山门

图 3-12　随墙门洞式山门

图 3-13　随墙牌坊式山门

从调研和资料中我们了解到，大多数万寿宫存在于江西本地，因此其山门大多是极具江西特色的牌坊式山门；而遍布江西省内和省外的江西会馆，其山门不仅传承了牌坊式山门，同时在地域文化等因素的影响下，衍生出多种形式组合的山门样式，展现出多姿多彩的风格样式。

3.3.3.2 戏台

戏台作为江西会馆建筑中履行“酬神娱人”功能的重要建筑，其使用频率一般比祭祀性万寿宫的戏台要高。祭祀性万寿宫的戏台一般在举办许真君祭祀性活动的时候使用，而江西会馆建筑的戏台还会在民众聚会娱乐时使用。

这些戏台的形式多样，一般可以分为落地式和底层架空式。底层架空式戏台底层为入口空间或交通空间，设置台阶进入第二层的戏曲表演空间和准备空间。根据调研情况分析，落地式戏台较少［(图3-14（a)］，在此不再细分；大多数为底层架空式戏台，根据台口的样式又可以分为伸出式、镜框式［(图3-14（b)、图3-14（c)］。伸出式戏台类似凸字形戏台，可三面观赏戏曲表演；镜框式戏台类似一字形戏台，仅留出面对正殿的一面，可观赏戏曲表演。

(a) 落地式戏台　(b) 伸出式戏台　(c) 镜框式戏台

图3-14　戏台

3.3.3.3 正殿

正殿是万寿宫、江西会馆建筑中承载“祭乡神”功能的建筑空间，主要祭祀江西地方神祇许真君，因而也称之为许真君殿或高明殿等。如前文布局所说，正殿（许真君殿）一般处在整个建筑的最高处和主轴线的末端，让人感受到其对所祭祀乡神的尊敬。许真君殿的规模大小是由万寿宫、江西会馆的祭祀需求以及重要性来决定的，同时也受到所处环境以及建造者的财力等因素影响。

根据建筑规模、形制的大小，正殿可分为单体式和联合式。当正殿为单体式时，人群从观戏庭院直接进入正殿。正殿为独立式空间，与戏楼或入口空间直接相对，没有除庭院以外的其他过渡空间，如西山万寿宫、洛带江西会馆和会泽江西会馆等；很多万寿宫、江西会馆会在正殿之前设置过殿或拜殿，其空间可作为庭院观演空间的延伸和议事空间，也是进入后殿主要祭祀空间的导入空间，作为庭院空间和祭祀空间之前的过渡空间。根据过殿与正殿之间距离的大小和屋顶交接形式可以分为连体式、围合式两种。连体式如贵州思南江西会馆和镇远江西会馆的正殿，前后两殿的屋面相连，在相连处形成檐沟，便于相交两侧的屋面排水；围合式如江西临江镇万寿宫、湖南黔城江西会馆正殿等，前后两殿与侧边出檐形成天井，便于采光与通风。

3.3.3.4 配殿

这里的配殿主要说的是分布在主轴线两侧的祭祀其他神祇的建筑空间。这种多神祇的祭祀方式不仅是万寿宫庙宇的传承，也是在地域文化背景的影响下形成的。例如石阡江西会馆，主殿两侧还分布着紫云宫和圣帝宫，所祭对象与许真君同属道教信仰体系；江西小布镇万寿宫、许真君殿旁还分设有谌母堂、三官堂。这样配殿处于主要轴线的两侧对称布置，建筑等级相对较高。配殿供奉的神灵都为江右人们普遍信奉的道教信仰神祇，与许真君属于同一宗教信仰体系，特别是相传谌母娘娘还是许真君的老师。这种多神祇崇拜的做法在万寿宫庙宇中也存在，例如祖庭之一的西山万寿宫主殿两侧还分布着谌母殿、三清殿、三官殿、关帝殿等配殿，纵然作为配殿，但由于其历史地位、建筑等级较高，从中也能看出万寿宫到江西会馆的传承关系。同时，一般万寿宫、江西会馆建筑的配殿都有单独的出入口，形制几乎相同，与主殿空间相互隔离，当其与正殿空间相连时，一般可以通过相连的侧门保持一定联系。装饰较为华丽的配殿入口还有小型的标志性山门，可以说明其建筑等级（图 3-15）。

3.3.3.5 厢房

这里的厢房主要说的是分布在主轴线或次轴线两侧的承载生活和住宿等功能的普通房间。建筑等级较低，屋顶形式一般较为简单。如赣州七里镇万寿宫现存的两层厢房，位于主殿后庭院的一侧，第一层设柱廊，第二层设走道，现在依然作为办公空间使用；石阡江西会馆，厢房第一层大部分开敞，便于观戏，局部因使用需要封闭成辅助用房，因需求不同设置不同的空间形式，第二层设檐廊，使得第二层厢房与戏楼、耳房互相贯通。另外还有一部分万寿宫、江西会馆的厢房可能会零散地设置在轴线两侧，如湖南黔城江西会馆（图 3-16）次轴两侧根据柱距因地制宜设置的单独的小厢房建筑。这是建筑与环境、功能等相互选择的结果。

图 3-15　石阡江西会馆紫云宫

图 3-16　湖南黔城江西会馆厢房

3.3.4　万寿宫、江西会馆的构造特征

会馆建筑是原乡人在异地精神寄托的载体，也是原乡的材料、匠艺等在异乡展现的物质载体，同时在地域文化的影响下，与地域的材料、匠艺等融合，打造出和而不同、因地制宜的各种构造特征。江西会馆和万寿宫的构造特征同样受到江右建筑的影响，再加上江右地域文化与江右商帮文化的影响，传承并发扬了基于原乡文化的构造特征，使其极具相似性。下面将以调研过的万寿宫、江西会馆为基础资料，结合相关文献资料，以戏楼和正殿为主要研究对象，详细分析其构造特征。

3.3.4.1　主要承重结构

万寿宫、江西会馆建筑也同中国传统建筑一样普遍采用木结构为承重结构。最基础的就是穿斗式和抬梁式。穿斗式的主要优点是整体性较好，缺点为空间跨度较小，不太适用于大空间建筑的中间；抬梁式的主要优点是空间跨度较大，适合大空间的建筑，缺点是整体性较差。中国地域辽阔，建筑营造文化不断交融和演变，在南方地区衍生出一种介于穿斗式与抬梁式的新型构架——插梁式构架。它的特点是以柱承檩，以梁传重，梁如穿枋架在柱间，兼具抬梁式构架和穿斗式构架的特点，既能保证大空间营造的需求，又能保证一定的整体稳定性。对于万寿宫、江西会馆建筑中作为祭祀空间的正殿来说，因为祭祀活动的需要，在保证建筑结构整体稳固性的前提下，要求室内空间较大。因此，在形式与功能的相互权衡下，万寿宫、江西会馆建筑的正殿等建筑空间普遍采用穿斗式与抬梁式相结合的承重结构体系，在山墙面采用穿斗式结构，明间采用穿斗式与抬梁式相结合的结构，既保证了结构整体的稳定性，又可以创造较大的室内空间，两全其美。其中，因为构造样式的多样，衍生出两种细微之处不同的结构样式：一种为下半部插梁式，上半部结合抬梁式，如思南江西会馆、白鹿镇江西会馆、石阡江西会馆；另一种是纯粹的插梁式，如抚州玉隆万寿宫、黔城江西会馆（图 3-17～图 3-20）。

图 3-17　明间插梁式与抬梁式结合，边间穿斗式（1）

图 3-18　明间插梁式与抬梁式结合，边间穿斗式（2）

图 3-19　明间插梁式，边间穿斗式（1）

图 3-20　明间插梁式，边间穿斗式（2）

3.3.4.2 减柱造、移柱造

减柱造、移柱造多适用于万寿宫、江西会馆中的戏台建筑及其正殿，这样做的目的主要是打造更好的观演空间和祭祀空间。戏台减柱造不仅利于表演人员保持顺畅的空间流线，也减少了观赏人群观戏的视线遮挡。例如凤凰万寿宫戏台建筑，本应该为四柱三开间，戏台底层空间前排依然保留四根柱子，但为了确保更好的观演体验，第二层表演空间前排减掉了中间两根柱子；再如思南江西会馆戏台，为了确保侧面更好的观演体验，第二层空间侧边柱子减掉了位于正中的一根柱子。在调研过的建筑中，较多戏台是一开间或四柱三开间，可能由于戏台表演空间已经足够等原因，并没有采用减柱造等方式，上下结构保持一致。正殿减柱造的方式主要是在不同于山墙面采用穿斗式承重体系，为了减少柱子以获得更大的使用空间，明间往往采用抬梁式和穿斗式结合的承重体系；移柱造也同样多使用在戏台建筑上，如四川白鹿镇万寿宫戏台建筑，前排檐柱的两根金柱内退一定距离，使得戏台形成透视感的表演空间。

3.3.4.3 檐下出挑

（1）斗拱出檐

万寿宫、江西会馆建筑中大部分戏台建筑都采用斗拱，且大部分斗拱构造仅是一种装饰的手段，来显示戏台建筑的重要性，不作为主要的承重和受力结构。一小部分正殿的屋顶形式传承自祖庭西山万寿宫正殿，也部分使用斗拱，其作用特点与戏台建筑相同，如西山万寿宫和丰城万寿宫；同时，还有一些万寿宫、江西会馆的标志性山门使用斗拱，如会泽江西会馆的木质斗拱、抚州万寿宫的石质斗拱。在调研的万寿宫、江西会馆建筑中，斗拱形式一般比较类似，大多为如意斗拱，最大的差别主要是在装饰和一些形式细节上。

（2）挑承托出檐

在万寿宫、江西会馆中，仅有部分建筑檐下出挑保留了斗拱构件，但其装饰性强于功能性，因此绝大部分的出檐方式还是挑枋承托出檐，主要方式可以分为单挑出檐和双挑出檐。其中，单挑出檐可以分为硬出挑和软出挑两种方式。硬出挑为穿枋直接穿过前后柱的柱心，然后伸到檐下直接承接檩条受力，如贵州赤水市江西会馆檐下出挑等；软出挑为穿枋只穿过檐柱的柱心，然后伸到檐下直接承接檩条受力，如湖南黔城万寿宫出挑方式。有时还配有撑拱，使得挑枋、撑拱及柱子之间形成三角构架，更稳定和利于受力。双挑出檐为利用两层挑枋，上挑挑出两步架，下挑挑出一步架，用来承托枋等，在四川洛带江西会馆建筑中可以见到。调研中大部分万寿宫、江西会馆建筑中都采用单挑出檐中硬出挑的方式。

3.3.4.4 屋顶

万寿宫、江西会馆建筑大多通过院落来组织空间，常以建筑群的形式呈现，因此其屋顶形式也是丰富多样的。多种多样的屋顶组合起来，作为建筑的第五立面，展现出万寿宫、江西会馆建筑的地位和气势。通过调研和查阅相关文献发现，万寿宫、江西会馆建筑群常用的屋顶形式为歇山顶、悬山顶、硬山顶、卷棚顶等。调研案例中，单檐歇山顶的应用频率比重檐歇山顶的频率高，同时由于调研建筑的局限性、地域文化的多样性及万寿宫、江西会馆建筑整体数量之多，不能以调研过的建筑的各单体建筑的屋顶形式形成哪个单体使用什么形式的必然结论。但在单个建筑群内，屋顶的形式一般可以代表其建筑等级。作为建筑群的重点——戏台建筑的屋顶形式一般为歇山式，建筑等级较高，正殿有悬山式（如江西河口古镇吉安会馆）、硬山顶（如江西樟树市临江镇万寿宫）、歇山式（如贵州思南江西会馆）、重檐歇山顶（如江西西山万寿宫、会泽江西会馆、重庆木洞镇万寿宫）等。在调研的万寿宫、江西会馆建筑中，正殿为硬山顶的出现频率较高，同时结合丰富多样的山墙造型。一般的厢房等附属建筑的屋顶形式较多采用悬山式和硬山式。受到所在地自然环境等因素的影响，屋顶建筑形式变化多样，相同的屋顶形式有时也会呈现不同的韵味。例如福建武夷山星村万寿宫建筑，屋顶较为高耸，屋脊线两端起翘明显，展现出福建地区的屋顶特点，屋顶形式活泼而柔和。

3.3.4.5 天井、旱天井与亮瓦

前面在建筑的布局里面讲到，以院落或天井来组织空间，有时候空间布局较为局促或受建筑文化的影响，会形成天井的布局形式。调研过程中发现，这样形成的天井主要分为两种：湿天井、旱天井。湿天井是指天井上方无遮蔽物，落下的雨水形成“四水归堂”的效果，寓意聚财，符合江右商帮的商人身份。旱天井即天井上方形成又一重屋面，称之为天斗。旱天井的这种形式能使建筑内部在保持通风、采光的前提下，保持室内干燥，增加使用空间。同时，由于万寿宫、江西会馆建筑多分布在南方地区，很多建筑进深较大，侧面为封火山墙，不能开窗，为了采光的需求，会使用亮瓦这种材料。亮瓦由玻璃制成，与屋面的瓦形制类似，在需要采光的地方用亮瓦替换普通瓦即可。一般设置位置靠近建筑屋脊或设置在连体殿堂的相交处，如贵州思南万寿宫、江西会馆亮瓦就设置在前后两点屋面相连处。

旱天井和亮瓦的出现都是建筑对当地环境适应的结果，例如江西樟树市临江镇万寿宫旱天井；湖南浦市江西会馆旱天井、亮瓦的使用；四川白鹿江西会馆的旱天井等。这不仅是建筑对地域环境适应性的体现，在一定程度上也表现出建筑的传承性。

3.3.4.6 封火山墙

江西地区建筑的一大特征就是造型多样、美观实用的封火山墙造型。正如其名，封火山墙不仅可以预防火灾和有效防止火灾的蔓延，同时其形式也极具美感，因此封火山墙这一形式在建筑密度较高的南方地域普遍使用。不同地区的封火山墙又在地域文化和外来文化的多重影响下，形成了各具特色、形式丰富多样的造型特征。万寿宫、江西会馆建筑中最常见的封火山墙造型有马头墙、人字形、猫弓背式等，还有局部出现的马鞍形山墙，如贵州镇远万寿宫。人字形山墙如江西赣州七里镇万寿宫、湖北襄樊抚州会馆、贵州赤水市江西会馆等的山墙；马头墙有江西吉安七琴镇钱塘村万寿宫、江西樟树市临江镇万寿宫、江西石塘抚州会馆、湖南凤凰江西会馆、浦市万寿江西会馆等；猫弓背式有四川牛佛江西会馆、四川自贡仙市江西庙等。同时，

万寿宫、江西会馆建筑常由建筑群构成，因此不仅造就了多样的屋顶形式，也形成了多样的封火山墙组合形式。如四川洛带江西会馆，封火山墙由人字形和猫弓背式组合而成；四川白鹿镇江西会馆，由马头墙和猫弓背式组合而成。有的建筑也会设置两重封火山墙，如江西小布镇万寿宫，内外两重封火山墙，外侧为人字形山墙，内侧为三叠马头墙。这些形式多样的封火山墙共同展现出万寿宫、江西会馆建筑的气势与美丽。

3.3.5 万寿宫、江西会馆的装饰手法

万寿宫、江西会馆建筑中，装饰题材丰富多样，装饰手法涵盖建筑的方方面面，主要手法有木雕、石雕、砖雕、灰塑、油漆彩绘等。

3.3.5.1 木雕

在万寿宫、江西会馆建筑中，木雕是运用范围最广的手法，且题材多样。主要的装饰部位为建筑的藻井、梁柱、撑拱、额枋、门窗、雀替、戏台的楼檐栏板等主要部位，且其根据不同部位、不同装饰效果灵活采用多种木雕手法，把圆雕、透雕、浮雕、线雕等手法综合使用，展现各自手法的精妙，呈现最佳的装饰效果（图 3-21、图 3-22）。

图 3-21 江西吴城吉安会馆木雕

图 3-22 贵州思南江西会馆木雕

3.3.5.2 石雕

在万寿宫、江西会馆建筑中，石雕多用于标志性的山门、石狮子、柱础、石栏杆等部位，集功能与美观于一体（图 3-23、3-24）。虽然石材较木材不易加工，但万寿宫、江西会馆建筑的石雕艺术也同样精彩华丽。也有一些戏台檐枋、斜撑等部位使用石雕手法装饰，更显别致。其装饰手法多样，灵活运用浮雕、圆雕、透雕等多种手法，呈现出很好的装饰效果和极高的艺术价值。

图 3-23 江西丰城万寿宫山门

图 3-24 贵州思南江西会馆太平缸

3.3.5.3 砖雕

在万寿宫、江西会馆建筑中，砖雕一般运用在标志性山门、山墙等部位上，使用的频率较石雕和木雕低（图 3-25、图 3-26）。一般为青砖雕刻，这是由于青砖的烧制要求十分严格，其成品细腻，较石材容易雕刻。其装饰题材多样，人物、吉祥纹饰、文字等丰富多样。最具代表性的就是石阡江西会馆的主山门和两侧配殿山门上的砖雕艺术。

图 3-25 镇远江西会馆砖雕（1）

图 3-26 镇远江西会馆砖雕（2）

3.3.5.4　灰塑

灰塑也称堆灰，是万寿宫、江西会馆建筑中常用在屋顶、墙面的一种装饰手段。其以石灰为主要材料，塑造出形态各异、立体生动的装饰图案，包括花鸟虫鱼、人物故事等多种题材，例如体现人们美好愿望的“福禄寿”“年年有余”和各种吻兽等。不同于岭南地区色彩艳丽的灰塑，万寿宫、江西会馆建筑中的灰塑一般着色较少，更加体现江西地区的建筑文化特征，其一般运用在屋顶的屋脊及极具江西特色的山墙装饰上，包括屋脊线条和造型、脊垛等部位（图 3-27）。

图 3-27　江西小布镇万寿宫灰塑

3.3.5.5　油漆彩绘

在万寿宫、江西会馆建筑中，油漆彩绘一般用于戏台天花、斗拱、雕刻图案的着色、封火山墙等部位。油漆彩绘不仅使得建筑部位更为华丽，也在一定程度上保护了建筑，使得建筑的装饰更加耐久。通过一些天花的着色，在一定程度上也划分了建筑区域。

3.3.6 万寿宫、江西会馆的细部特征

3.3.6.1 瓷片

江西景德镇作为“瓷都”名扬天下，明清时期瓷器远销各国，至今提起瓷器不得不说景德镇，不得不说江西，可以说瓷器已然是江西的文化特征之一。明清时期，远离家乡的江西人建立江西会馆时，有时会把江西的瓷器运用到建筑装饰中，以展现江西地区鲜明的文化特征。其主要运用的部位在山门、戏台、正殿的屋顶等重要部位。据记载，汉口万寿宫、凤凰万寿宫、南京万寿宫等建筑的屋顶大量使用瓷器，汉口万寿宫有着“瓷瓦描青万寿宫”的美誉。现存的江西会馆中，为了更好地贴合装饰部位，大多使用破碎的瓷片进行装饰，也有“岁岁平安”的吉祥寓意。同时多采用青花瓷等较为素雅的瓷片，主要分为线和面两种不同的装饰效果，线装饰多用于屋脊的线条及部分文字字形的勾勒，面装饰主要用于装点山门的部分墙面等。不管是运用在哪个部位，瓷片的运用都已经具有江西的地域文化特征，展现出与众不同的装饰效果（图 3-28、图 3-29）。

图 3-28 四川牛佛江西会馆瓷片装饰（1）

图 3-29 四川牛佛江西会馆瓷片装饰（2）

3.3.6.2 水池和太平缸

在调研万寿宫、江西会馆建筑中发现，其特点鲜明的一点就是建筑院落或天井中设置的水池或太平缸。这不仅是古代消防的重要措

施，也体现出江西园林和天井布局的空间特性。其中，水池的设置可能是许真君文化信仰的一种体现。如南昌铁柱万寿宫、西山万寿宫、抚州玉隆万寿宫、赣州七里镇万寿宫、云南会泽江西会馆等，在平面布局上都设有水井，其来源是许真君镇锁蛟龙的镇蛟井。再如贵州复兴江西会馆天井中设置的水池，名曰天师井，为许真君雷平山修炼时所凿的井。水井的设置不仅是文化传承的体现，也表达了人们希望许真君能够保佑当地风调雨顺的美好愿望。

3.3.6.3 群龙环绕“万寿宫”牌匾

通过调研发现，大多数万寿宫、江西会馆中，如果有“万寿宫”的竖向牌匾，其样式一般是群龙环绕式样。这种形式起源于江西省内万寿宫的皇帝御赐万寿宫牌匾，中间为竖向的万寿宫字样，四周以群龙环绕，虽然起源于同样的文化，但由于各地万寿宫、江西会馆采用木、砖或石材等不同的材料，灵活运用彩绘、透雕、浮雕等多种装饰手段，形成相似而又不同的装饰效果（图 3-30～图 3-32）。从这一部分可以窥视出建筑之间传承与演变的相互关系。

图 3-30 “万寿宫”牌匾（1）

图 3-31 “万寿宫”牌匾（2）

图 3-32 “万寿宫”牌匾（3）

3.4 万寿宫、江西会馆建筑实例分析

3.4.1 西山玉隆万寿宫

西山玉隆万寿宫为万寿宫的祖庭之一，位于江西省南昌市西山镇，相传为许真君修道及拔宅飞升之所，其建筑形制对以后的万寿宫建筑产生了深远的影响，建筑从建立到现在几经兴衰，现为省级文物保护单位。

3.4.1.1 历史沿革

据了解，西山玉隆万寿宫自建立之初至明清时期，从名称到规模几经变换。于东晋太元元年（376 年）在许真君仙逝之地建立祠庙祭祀，名为“许仙祠”，到南北朝时期改称“游帷观”。两宋时期，在政府的高度重视下，于宋真宗大中祥符三年（1010 年）升观为宫，称为“玉隆宫”。宋徽宗政和六年（1116 年），为了褒奖许逊为皇帝降妖治病，朝廷下令仿照西京崇福宫的样式扩建玉隆宫，并加以“万寿”二字，全称“玉隆万寿宫”，由此形成了规模宏大的道教建筑群。

元朝末年，万寿宫毁于战火。明朝洪武年间正殿得到重建，但一直没有恢复往日的盛景，直到明万历年间才得到大规模的重建。清朝初期，万寿宫因战乱而衰败，直到康熙、乾隆年间，在地方官员的倡导下，对万寿宫进行全面整修。后毁于咸同战火，随后得以重修。由此可知，从西山万寿宫建立之初到清朝末期，其在国家政策、战乱等因素的影响下经历了多次衰落、重建等历史进程，在国家政策的引导下其祭祀性质也从单纯祭祀许真君的祠观转变为官方祭祀体系的一种，变成一个庞大的道教祭祀群体，许真君在其中占有一席之地。明清时期，在官方的倡导下，许真君信仰逐渐从南昌地区及其周边区域的神祇转变为一省神祇，西山万寿宫也因此成为民间祭祀的中心，成为广泛分布的众多万寿宫的祖庭之一。

在西山万寿宫演变的过程中，明清时期的江右商帮也与此相关联。在清朝乾隆年间和同治年间两次重建过程中，江右商帮积极捐

款，出现“远近风从，士民踊跃，商贾欢腾，捐输乐助源源而来”的情景[1]。与此同时，江右商帮也在西山万寿宫的日常运营中发挥着重要的作用。

3.4.1.2　建筑现状

万寿宫经过“文化大革命”等时期的破坏，许多建筑被毁，1983年南昌市新建区人民政府组织重修，现在有山门、仪门、正门、高明殿、谌母殿、三清殿、三官殿、关帝殿等建筑（图3-33～图3-37）。整体为庞大的建筑群，临街山门、正殿、配殿等建筑都采用重檐歇山顶。祭祀许真君的主殿称为高明殿，这是因为许真君飞升后被玉皇大帝封为高明大使。主殿面阔五开间，正中为入口，设置三重檐式牌楼，正中为“忠孝神仙”横向牌匾。山门与两侧墙体形成八字形的内凹式入口空间。

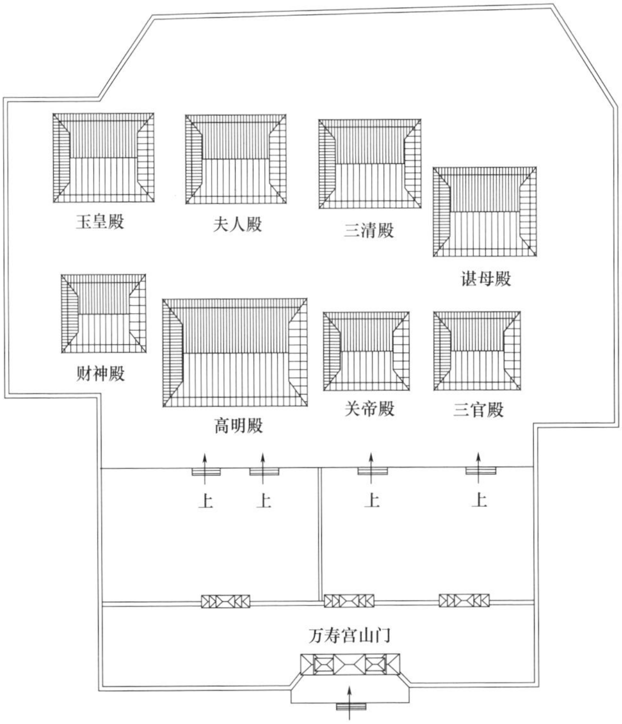

图3-33　西山玉隆万寿宫总平面图

1　董文伟《重修逍遥山万寿宫记》，光绪《逍遥山万寿宫志》卷18。

图 3-34 山门

图 3-35 正殿

图 3-36 三官殿

图 3-37　三清殿

3.4.2　贵州思南万寿宫

思南万寿宫位于贵州省铜仁市思南县中山街，规模宏大，是全国重点文物保护单位，也是乌江流域江右商帮建造的具有代表性的江西会馆建筑之一。

3.4.2.1　历史沿革

思南位于贵州的东部，黄金水道乌江纵贯南北，是黔东北连接川、湘、渝的水陆交通要道。其中最著名的水上古道是乌江油盐古道，在思南境内遗留下来的就是至今保存完好的国家重点文化保护单位周家盐号、王爷庙、川主庙、永祥寺、万寿宫建筑群。其中的思南万寿宫是实力强大的江右商帮遗留下来的重要印记。思南万寿宫是“江西会馆”建筑，始建于明正德五年，原称“水府祠”，位于乌江水边，后由于水患等几经变换。在思南县经商的江右商帮实力不断壮大，清康熙、嘉庆年间不断增其旧址，扩大装饰，形成了现今的万寿宫历史建筑。

3.4.2.2　建筑现状

（1）平面布局

万寿宫建筑坐西向东，面朝乌江而立。建筑沿主要轴线呈院落式布局，建筑最前端为思南县的中山街，沿街建有临街山门，沿台阶而上为山门、戏楼、正殿。正殿由前殿和后殿组成，前殿也可以称为“抱厦”，是黔东北地区典型的“殿堂带抱厦式”布局，也是江西会馆建筑在思南地区与当地建筑文化融合的表现。院落两侧为厢楼与戏台相接。本来存在的位于正殿后面的观音殿以及左侧的关圣殿、右侧的紫云宫、侧边院落的附属建筑厨房、住宿空间等现已毁。两侧厢楼也仅存右侧。整体建筑占地面积约 2400 平方米，现存建筑面积约 600 平方米（图 3-38）。

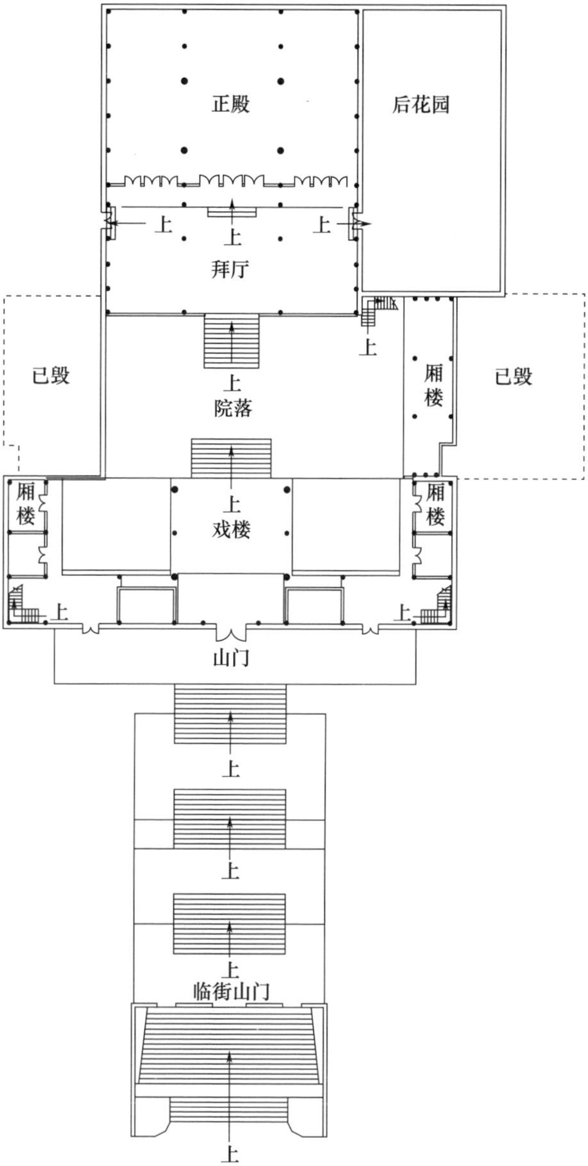

图 3-38　贵州思南万寿宫平面图

（2）空间结构

思南万寿宫整体建筑布局在高差较大的山地上，是江西会馆中建筑高差营造最突出的代表。

①山门

从临街街道穿过十几级台阶到临街山门，山门为牌坊式，四柱三开间，明间开石质方形门洞，上书“豫章家会”横匾，左右为花鸟鱼虫等山水画装饰（图 3-39）。山门左右两侧开石拱券式小门洞。穿过临街上虚再沿几十级台阶而上才到达建筑入口牌坊式山门，与临街山门形制相似，四柱三开间，明间为主入口，山门左右山墙上还设有两个次入口，建筑装饰较临街山门更加精美、庄重（图 3-40）。

②戏楼

戏楼底层架空为入口空间，第二层为表演和准备空间，采用减柱造，穿斗式歇山顶，华丽斗拱、藻井、木雕等装饰其中，精美绝伦（图 3-41）。

③院落、前殿、正殿堂

从戏楼底层拾级而上，进入院落空间，两侧为硬山顶厢楼。由院落再经过台阶才逐渐进入前殿和后殿。前殿面阔三间，进深一间，歇山顶；后殿面阔三间，进深五间，设檐廊和隔扇门窗，硬山顶，为主要祭祀空间（图 3-42）。正殿都为山墙面穿斗式、明间穿斗抬梁混合式结构，两侧有封火山墙围绕。在思南万寿宫的山地院楼式布局中，利用高差等手段强化了空间的序列感和仪式感。

图 3-39　临街山门

图 3-40　正式山门

图 3-41 戏楼

图 3-42 正殿

3.4.3 四川成都洛带江西会馆

洛带江西会馆位于成都市龙泉驿区洛带镇上街，是全国重点文物保护单位，其建筑布局内伸出小戏台的做法与一般江西会馆建筑不同，具有极高的研究价值。

3.4.3.1 历史沿革

洛带江西会馆，也称“万寿宫”，坐落于四川省成都市洛带镇。洛带镇是四川地区保存最完整的客家古镇，从明朝一直持续到清朝的移民运动使得来自千里之外的异乡人在洛带落地生根，并形成了独特的客家文化和客家建筑。现存的江西会馆建筑就是由来自江西赣南的客家人建立的，以祭祀许真君。其建筑是客家文化、移民文化和地域文化融合的重要载体。

3.4.3.2 建筑现状

（1）平面布局

江西会馆背靠上街，东临江西街，始建于清乾隆十八年 (1753 年)。建筑坐北朝南，沿主轴线对称布局，形成较为方正的平面形式。建筑群由大戏台、牌坊、前殿、中殿、小戏楼、后殿及正殿、两侧厢房等组成。前殿前为大广场，大戏台与前殿隔着大广场相对布置。与一般常见的万寿宫、江西会馆建筑的戏台不同，洛带江西会馆的大戏台为独立式戏台，广阔的广场可作为其观演空间，可容纳更多观戏人群。

内部小戏台为较私密的空间，表演供少数人观看。现存主体建筑占地面积约 1100 平方米（图 3-43）。

（2）空间结构

会馆大门前为石质牌坊，四柱三开间，明间檐下有竖向的“万寿宫”三字，下面为吉祥的龙凤图案装饰。前殿为卷棚屋顶，明间为入口门厅。门厅左右为辅助用房。入口空间较狭小，经过天井进入中殿，中殿为主要的集会议事空间，硬山顶，空间较开敞。中殿后方伸出小型的落地戏台，卷棚歇山顶，戏台尺度较小。后殿与戏台相对，硬山屋顶，为祭祀许真君的空间。

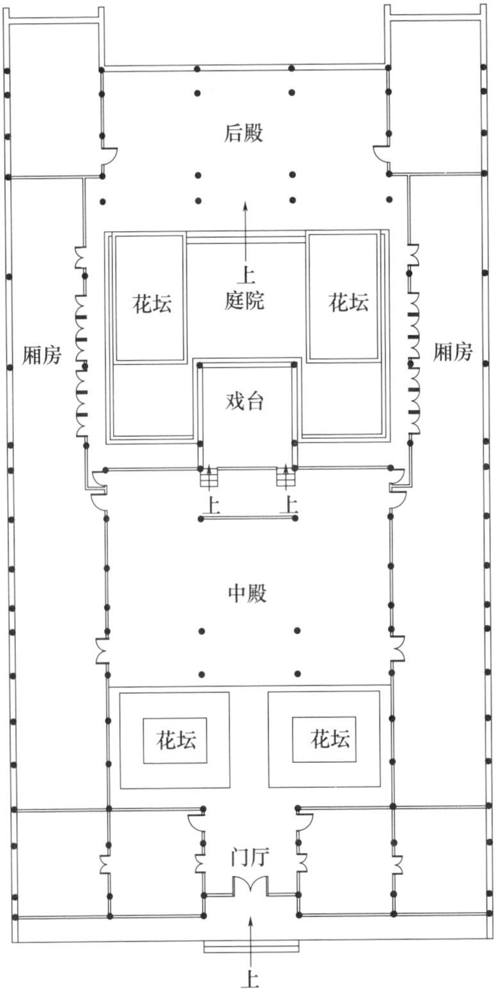

图 3-43　四川成都洛带江西会馆平面图

4 禹王宫与湖广会馆

4.1 禹王宫、湖广会馆与禹文化

4.1.1 大禹和禹文化

禹姓姒，名文命，其肖像是以头戴斗笠、手持石耜忙于治水的形象出现的（图 4-1、图 4-2）。

大禹也被称为夏禹，因其是夏朝的创始者。“夫能夏则大，大之至也”（《左传》），夏有大的意思，用夏字替换大字，所以大禹是夏禹的另一种说法。后世因蒙受大禹治水的荫庇，也尊称大禹为大王、禹王、禹皇及神禹。

图 4-1　武汉禹稷行宫大禹像

图 4-2　东汉画像石大禹像

资料来源:《话说中国·创世在东方》。

大禹治理了全国水患，拯救天下苍生于水厄之中，被天下人所崇祀，这种对大禹的崇拜活动就是禹文化。由于古代湖广地区湖泊河流众多，频发水灾，湖广人对成功治理湖广水患的大禹感恩戴德，并将大禹视为“乡神”。根据记载，大禹生于蜀，大禹信仰也诞生于蜀。湖广移民迁入四川时，湖广移民把对“禹王”的祭祀重新带回了蜀地，形成了大禹“蜀产而楚祀”的现象。

4.1.2 禹王宫概述

禹王宫源自禹文化，是祭祀禹王的主要场所，根据其功能特色，大致可以分为三种类型。第一种类型是夏禹肇迹处的纪念性禹王宫；第二种类型是崇德报功具有德教功能的禹王宫；第三种类型是指明清时期由湖广移民所建造的“会馆式”建筑，也被称为湖广会馆。

4.1.3 湖广会馆概述

会馆是以乡情为纽带，为了保护共同利益而产生的互帮互助的民间组织。湖广会馆就是指由湖广人建立的会馆组织。湖广会馆建筑是由明清时期的湖广移民在向外迁徙过程中所建造的特殊建筑，其重要功能之一是祭祀大禹，分布范围主要集中在现今的四川、陕西、贵州、云南、湖南、湖北、河南、安徽、江西、江苏等省份（图 4-3～图 4-6）。

图 4-3 重庆湖广会馆

图 4-4 北京湖广会馆

图 4-5 湖北十堰黄龙古镇黄州会馆

图 4-6 陕西旬阳黄州会馆

4.2 禹王宫、湖广会馆的传播与分布

4.2.1 明清时期的东西移民

明朝初年南方地区已经得到较大的发展，南方人口密度呈现东高西低的特点。根据元代《新元史·地理志》的记载，南方江浙行省人口密度每平方千米约100人，江西为50人，湖广不到20人，四川不足5人。如此大的人口密度差异形成了一个自然的人口抽水机，使得东部的人口自然向西部流动。另外，明朝政府的导向对于移民西进也起到了积极作用，为了使移民能顺利进行，明朝政府曾颁布了一系列优惠政策，如发放棉衣、川资（迁移路费）及安家、置办农具的银两，移民以后土地可以“自便置屯耕种”，还免其赋税三年。以上背景导致明初洪洞大槐树移民的产生，也掀开了移民自东向西大规模迁移的序幕。

明初大移民的另一个重要集散地是麻城孝感乡。明洪武十年，麻城县升为散州，统辖七县移民迁川事务，办理江西迁入移民的接收、安置、过籍事务。江西移民经由麻城去往四川，停留在湖广当地的也不少，形成了著名的“江西填湖广”现象。到了明末清初，发生在四川一带的战乱使得当地人口锐减，而“江西填湖广”使得湖广地区人口增加，导致东西人口密度差距进一步拉大。同时清政府也开出了一系列优厚条件，一方面拨给牛具、口粮、籽种等基本生活和生产资料鼓励移民入川垦荒，而且特别针对四川的具体情况制定了《入籍四川例》，规定“凡流寓情愿垦荒居住者，将地亩永给为业”；另一方面对招民垦荒有功的官员给予奖励，例如康熙帝专门颁布谕旨称：“不管是流落在外的蜀民还是入川垦荒的外省移民，招民三百户即可授官。”在这样的背景下，产生了著名的“湖广填四川”运动。

4.2.2 禹王宫、湖广会馆的分布区域和特征

历次大移民的主要路线，对禹王宫及湖广会馆的分布有重大的影响。笔者共整理出全国范围内有史料记载的禹王宫和湖广会馆数量，

共176座，以及全国范围内现存的67座禹王宫和湖广会馆。从图4-7中可以很容易看出，会馆分布与移民线路存在着联系。下文从黄河水系、长江水系及京汉铁路沿线三个部分展开说明。

4.2.2.1 黄河水系的移民线路与禹王宫、湖广会馆的分布

黄河水系的禹王宫、湖广会馆的分布主要受到明朝以前迁入湖广地区的移民活动的影响。准确地说，这一时期移民活动的产物是祭祀型禹王宫，也就是后来湖广会馆的原型之一。

禹王崇拜的传播存在着西兴东渐的趋势，主要就是上古以及秦汉时期的移民沿着黄河向东迁移导致沿线大禹文化的传播融合，并产生了大量的禹迹建筑和少量的祭祀型禹王宫，禹王宫呈点状分布在陕西、河南、安徽等地。典型的例子是蚌埠禹王宫以及河南地区大量的禹王庙，虽经屡次重修，但其基本形制来源于这一时期。

在唐宋时期，伴随三次汉人大规模南迁，大量生存移民从黄河流域南下进入湖广地区，进一步推动了祭祀型禹王宫（庙）的修建。位于移民东线的安徽一带，禹王宫沿着淮河与大运河等通道向江苏扩散；位于移民中线的河南，禹王宫（庙）沿着汉水等通道向湖北扩散；位于移民西线的陕西，禹王宫（庙）沿着入川通道向四川扩散。典型的例子是汉阳的禹稷行宫。

明清时期会馆正式诞生。湖广移民以禹文化自居，将湖广会馆带出本省。因往北方的黄河流域不是湖广移民的主流方向，所以黄河水系的湖广会馆没有太多留存。

因此，黄河水系主要分布着大多数修建于明朝以前的祭祀型禹王宫（庙）以及少量明清时期的湖广会馆，并且与禹王崇拜的传播路径及明朝以前的移民入湖广线路有较多的重叠。

4.2.2.2 长江水系的移民线路与禹王宫、湖广会馆的分布

长江流域的禹王宫、湖广会馆的分布主要受到明清时期移民活动的影响，尤其是“湖广填四川”和“江西填湖广”活动。这一时期移民活动的产物主要是湖广会馆，因为这一时期的移民主要是生活移民，结合移民活动可以分为明初时期、明清时期及清末时期三个时间段。

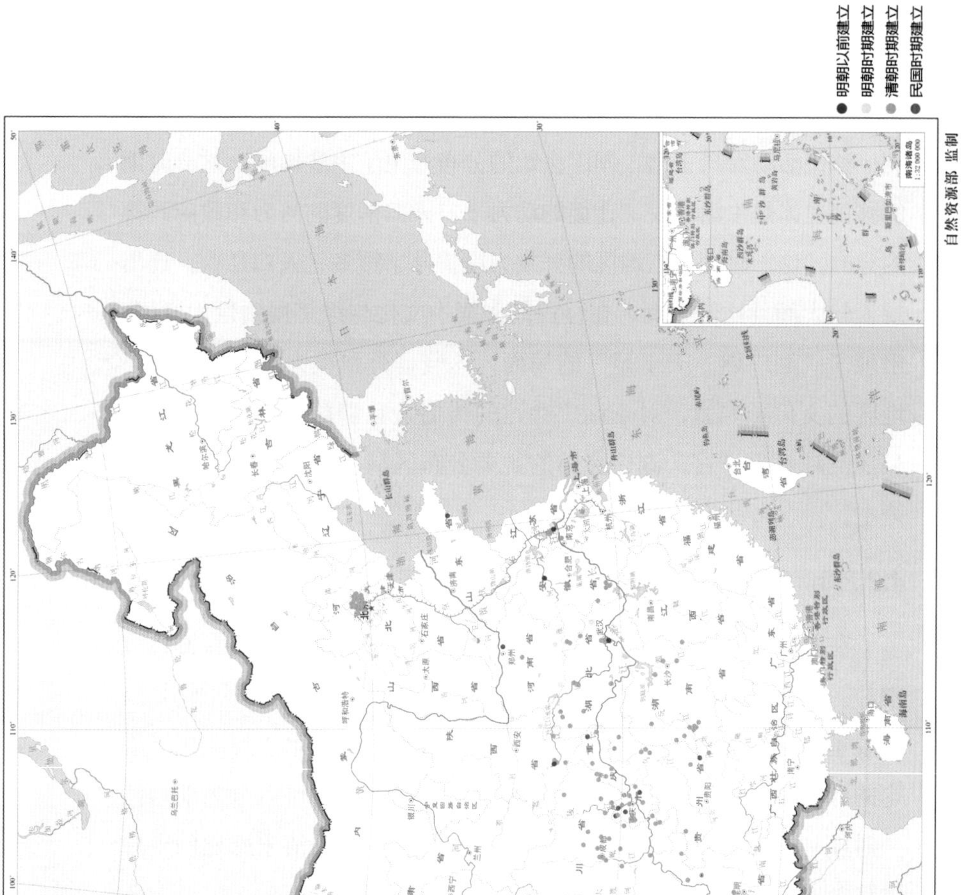

图 4-7　全国禹王宫、湖广会馆分布图

总体来说，明清时期的湖广大移民集中在南方地区，并呈现出从东向西流动的特点。明清时期以“湖广填四川”为主的往西南方向的湖广移民活动对禹王宫、湖广会馆的分布产生了主要影响。这一时期的移民主体是生活移民，迁徙的动力来自人口密度的压力和政府政策的导向。这一时期湖广地区的开发力度提升了很多，人口迁入、迁出规模较大而且比较平衡，在移民的碰撞中文化与经济得到巨大发展，出现了“湖广熟，天下足”的局面，这些提升也极大地增强了湖广地区的文化影响力，对于湖广会馆的传播大有裨益。这些因素导致长江流域是禹王宫、湖广会馆的主要分布区域，其中又以西南地区为主。

4.2.2.3 京汉铁路沿线的移民线路与禹王宫、湖广会馆的分布

在明清两代长达六百年的统治时期，北京一直是中国的最高行政中心。所谓帝都，必然会形成以京城为中心向四周辐射的吸引力，造成地方向京城的人员流动，在六百年的时间内，足以形成相当稳定的流动路线。而湖广地区往京城的人员流动主要可以分为前后两个时期，前者依靠明清时期驿道等官道，后者依靠清末修建的京广铁路。

由于明清时期湖广进京驿道与京汉铁路有一定的重合并且历史上的官道线路有可能影响了京广铁路的选线，笔者将两者统一称为京广铁路沿线。明清时期由湖广进京的举子与仕宦带动了京城湖广会馆的建设，因此在京城有大量明清时期的湖广会馆聚集，由于人员的流动，在沿线上也存在部分湖广会馆。清朝末期及民国初年，在洋务运动和闯关东的背景下，京汉铁路的建成推动了一波经济发展的浪潮，在京汉铁路主线及支线上湖广移民的经济活动得以展开，因此沿线出现了1915年建立的郑州湖北会馆以及1933年建立的青岛两湖会馆。另外，京广铁路在汉口的断开使得旅客不得不在此停留，客观上促进了汉口地区的经济活动，因此武汉一带也有许多州县籍会馆，例如黄州会馆、黄陂会馆等。

4.3　禹王宫、湖广会馆的建筑形态

4.3.1　禹王宫、湖广会馆的选址特点

4.3.1.1　位于地势险要的高处

部分禹王宫来自过去的禹王庙，指的主要是第二类，即具有崇德报功性质的禹王庙。这一类禹王庙修建的初衷是官府为了教化民众，因此会选址在地势险要、人迹罕至的高处，有一种将禹王崇拜宗教化的意味，如同藏在名山古刹中的佛寺一般。

另外，堪舆术（俗称“风水”）在中国古代地理选址与布局中也有不小的影响，上到帝王，下到平头百姓，无一例外。通过查勘地理形势，审辨基地是否“藏风纳气”、方位是否“趋吉避凶”，最后确定一个环境优美的场地进行建造。“背山面水”在古代风水观念中是一条很重要的规制，为了良好的视觉效果，通常将正殿（主神位所在）设在高点，也突出了“神灵”的地位。符合这一特点的禹王庙主要有蚌埠禹王宫、武汉的禹稷行宫等，都需要登上长长的台阶才能到达（图 4-8）。

图 4-8　蚌埠禹王宫上山通道

4.3.1.2 靠近码头

中国古代的长途商业贸易运输基本上是依赖水道进行的，所以自古城镇多在河流沿岸分布。汉水是长江最大的支流，与长江交汇于汉口，航运十分发达，促进了商品经济的发展，造就了沿岸市场、码头、集镇的兴盛。在商业发展的过程中，出现了客商在汉江流域各地的行帮组织——会馆。明清之际，与发达地区一样，汉江流域出现了大量商帮兴建的会馆。伴随着码头的兴盛，几乎每一个城镇都有一条河街，河街与码头唇齿相依，会馆就分布在码头与河街上。

以汉口为例，汉口最大的码头是龙王庙码头，始建于明洪武年间（1368—1398 年），位于汉江与长江交汇处的汉口一端。

沿着龙王庙码头展开了一条正街，也就是现在的汉正街。为了防止来自北侧湖泊的水患，正街的北边修建有一条长堤（张公堤），沿着长堤生出一条长堤街，包括帝主宫、禹王宫在内的大量会馆就散布在这两堤之间。

沿着汉水流域的其他商业重镇也存在这种现象。例如樊城汉阳码头位于沿江大道东段，因北对汉阳书院（汉阳会馆）而得名。码头始建年代无考，原为土坡码头，清末改为石砌码头。枋心有石匾额，上刻“汉阳码头”，从落款“癸丑重建”推断牌楼可能建于清咸丰三年（1853 年）。上建木结构牌楼，四柱三楼，灰瓦屋顶，鸱吻相间。帝主宫就坐落在樊城沿江大道上。

旬阳码头，位于汉江与旬河交汇处的旬阳县城，码头边上就是湖广移民所修建的旬阳帝主宫。清朝时期汉江与其支流坝河、旬河、乾佑河构成了一个天然的水上运输网络。水运极为兴盛，湖北船只往来频繁，下行装桐油、生漆、苎麻、木耳等山货土特产，上行装布匹、糖、煤油、檀香、湖铁、纸张等手工业制品。郧西县城的帝主宫也紧贴着码头设立，为了靠近码头，甚至选择设立在城墙之外。

湖广会馆在四川地区的分布是最多的，在四川很多因水运交通而兴起繁荣的城镇里，湖广会馆也大多靠近码头。以重庆为例，古时重庆的“下半城”为行业中心，位于嘉陵江和长江的交汇处。由北至南分布着朝天门码头、东水门码头、太平门码头、储奇门码头、金紫门码头。“八省会馆”就沿着河岸码头依次分布，离东水门码头最近的就是禹王宫（图 4-9）。

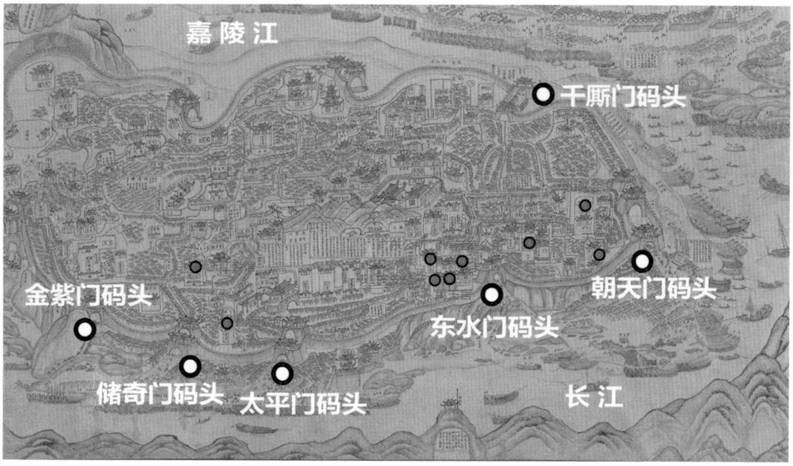

图 4-9　重庆会馆分布图
资料来源：改绘自《渝城图》。

4.3.1.3　占据城镇中心地带

在一些远离主要航道的城镇，湖广会馆多建于喧嚣的中心，融入社会市井和人群，将封建社会的商品经济、宗族制度及地方俚俗文化合为一体。市中心的黄金地段既能聚集人气，又能体现自身的实力。

当然，位置的选择还需要考虑其他因素，许多场镇过去都有着“九宫十八庙”的说法，同一个场镇里往往有多省会馆扎堆分布，笔者在调研中深有体会。许多会馆聚集在场镇的主街，也证明了场镇的繁华。以成都洛带古镇为例，广东会馆、江西会馆和湖广会馆就分布在古镇老街上，它们的建筑格局在一定程度上影响了古街的格局。另外，由于同一地区会馆云集，若竞相争地势必会引起不必要的纠纷。因此，实力雄厚的会馆会占据相对有利的位置，实力较弱的会馆会选择退让，避免产生不必要的纠纷。

4.3.2 禹王宫、湖广会馆的布局特点

4.3.2.1 功能分析

不同于雕塑艺术，建筑是为人们的日常行为服务的，因此其功能需求直接决定了平面的形式，在结构技术不太发达的古代尤其如此。如前文所述，明清时期的禹王宫的主要功能可以用“迎庇庥，联嘉会，襄义举，笃乡情”来很好地概括。

（1）迎庇庥——祭祀乡神

禹王宫建立之初的重要功能就是祭祀大禹，最初的禹王祭拜等同于宗教信仰，深入每一个信徒的精神层面，是一种纯粹的精神生活，属于核心内容。随着时间的推移，世俗化的元素被加入进来，此时的禹王信仰体现出移民者对故土的崇敬与强烈的同乡地域意识。湖广会馆中的乡神还包括“帝主”在内的其他神祇，为湖广人所崇拜。

（2）联嘉会——酬神会戏

祭拜神灵的环节不仅包括各种贡品与礼拜，还有通过戏曲演出的方式来酬谢神灵的庇佑。禹王宫、湖广会馆的移民会在重大的祭拜之日，请来戏班子演出，视会馆财力，演出时间从一天到十数天不等。

随着世俗元素的加入，酬神的同时，娱人的比重逐渐增加。商人们在此期间大摆筵席，与同乡移民们共同欢宴，也与本地势力或官员沟通、逢迎，既烘托了庆典的气氛，也加强了各方之间的认同。这是一种对关系的润滑，加强会馆与当地的关系以获得更加长远的发展。

（3）襄义举——慈善、督学

会馆是以同乡人为主的，帮助并维护同乡人的利益是其设立的目的之所在。因此，会馆会主导一些公益慈善事业，例如助学济困、养老善终、维护社会秩序等。通过承担这些公共行为，会馆更容易获得同乡人以及当地官府的认同。

（4）笃乡情——内部整合

会馆之所以有能力承担公共事业，是因为有经济实力，多种收入来源能支撑它的存在。收入一方面来自商人或官员的资助，通过购买地产获得一定的被动收入，另一方面来自会馆成员的会费。因为会馆

能够整合资源，提供交流信息的平台，商人在此能够集聚同乡力量来保证自己产业的繁荣，所以愿意出资维护这个平台；会馆利用收到的资金来襄义举，普通成员也能感受到会馆的荫庇，因此也愿意缴纳会费。会馆因此能够形成经济的良性循环，逐渐壮大。

4.3.2.2　平面形制

中国传统建筑是在平面上展开的，例如北京故宫，基本单位是院落，即以建筑围合一块中心空地而形成的空间。按照轴线关系，通过组织多个院子，拼合出整个建筑的布局。

湖广会馆的平面形制也不例外。会馆的平面按照功能整合成观演空间和朝拜空间两个部分，按照轴线组织成两进院落，形成山门、戏楼、拜殿（看厅）、正殿的序列。拜殿与戏楼之间是前院，两侧用观廊围合。拜殿与正殿之间是后院，后院通常较小，成为天井，两侧以厢房围合。这是最基本的布局形式。通常湖广会馆会有两进院落，由于财力不同，个别湖广会馆可能增减为三进或者一进院落。

通过院落连接，建筑群被分成动静两个区间。动区对应的是观演空间，属于半开放性质，一般的同乡者都可以进入，可以在此观演、宴饮，满足了聚会、看戏等娱乐需求。静区对应的是朝拜空间，具有私密性质，头领等有身份的人才能进入，在此进行议事等。这种分区方式主要是由建筑功能决定的，封建社会的等级观念也有一定的影响。

4.3.3　禹王宫、湖广会馆的建筑特征

会馆建筑不属于衙门、寺庙等官式建筑，也不属于民居，是一种半官式半民间建筑形式，不同省籍的会馆造型各自有一定区别。会馆建筑的平面布局和功能分区大致相同，造成视觉上较大差异的主要因素是建筑造型，体现在山门、戏楼、正殿、屋顶和山墙这几个部分。

4.3.3.1　山门

建筑是凝固的音乐，山门如同音乐的序曲一样是引领会馆建筑群的开端。对于远在他乡的游子，故乡的记号正是第一眼看到的会馆山

门。由此可见，会馆的山门需要有很强的标志性。

湖广会馆的山门形式主要分成随墙式山门和独立式山门两种类型。随墙式山门指建筑的外墙与正门合二为一，门如同嵌在墙壁上。这一类山门通常以牌坊的造型出现，分成三开间，明间最高且宽，两端次之，屋顶高差变化明显，采用石制或木质斗拱装饰，极尽夸张之能事。通常每一开间设有一个门洞，形制随开间，正中的门洞是主入口，两侧的门洞一般是关闭的，在有的案例中两侧门洞甚至会被取消。随墙式山门还有一种类型，即明间最突出，两侧的次间消隐在墙上，或者直接扭转成八字照壁的形式，没有出现牌楼式那种高差变化明显的屋顶造型，但会用精致的砖雕来消解这种平淡。独立式山门中，山门与墙的区分非常明显，甚至独立成楼，以体现山门的威严。立面形式扩展为空间形式，让入口空间更加丰富，这种形式多见于北方的湖广会馆。

4.3.3.2 戏楼

湖广会馆建筑中的戏楼大多紧贴着山门背侧，一般与山门结合在一起。戏楼是酬神演戏的场所，是会馆的娱乐中心，是直接与普通民众接触的地方，具有极高的影响力。因而其造型非常丰富，周身被精美的雕刻装饰、艳丽的色彩所覆盖，用“千般旖旎，万般妖娆”来形容都不为过（图 4-10）。

图 4-10　重庆湖广会馆禹王宫戏台

戏楼通常可以分成竖向的三层。底层比较矮，是交通空间，民众通过山门的门洞，穿过戏台下的这层走道才能到达会馆前院。中层即戏台，比较高敞，是演员的表演空间，三面透空，使得光线充足。顶层是屋顶，覆盖整个戏台，多为歇山顶，个别案例中会使用重檐歇山顶。

表演空间会结合古代的声学原理，并且与装饰融为一体。例如，大部分戏楼会在戏台上空设置藻井，使得声音形成回响，同时也装饰了戏台。有的戏台下方还会埋设装满水的瓮形成共鸣。戏楼的其他装饰也非常精美，在斜撑、枋、栏板等地方都有大量的木雕，展现出当时的审美与精湛的工艺。

4.3.3.3　屋顶

屋顶被称为建筑的“第五立面”，在中国传统建筑中，屋顶具有一定的基本形制，也就是俗称的“大屋顶”，通过基本形制的组合形成了丰富的第五立面。

湖广会馆建筑的屋顶形式很丰富，主要有重檐歇山、单檐歇山、悬山、卷棚、硬山等（图 4-11～图 4-14）。在等级制度森严的封建社会，屋顶需要按照一定的等级来严格使用。最重要的山门、戏楼、正殿最高可以使用单檐歇山或者重檐歇山；普通殿堂最高可以使用悬山屋顶；厢房、游廊可以使用卷棚；其他的辅助用房使用硬山顶。

图 4-11　重庆湖广会馆禹王宫屋顶

图 4-12　龙兴禹王宫屋顶

图 4-13　旬阳黄州会馆屋顶

图 4-14　黄龙黄州会馆屋顶

湖广会馆建筑通常依山而建，屋顶随着山势自然起伏，与连绵的山坡融为一体，形成了场镇中丰富的天际线。伴随着屋顶形制的变化，整个建筑群的屋顶也充满着规律的变化，如同生动而连续的旋律。

4.3.3.4　封火山墙

封火山墙俗称马头墙，是墙体与屋面交接的一种形式。以土坯或砖石为材料，墙面高出屋面许多，因此可以隔离火势，起到防火的作用。高出屋面部分的处理手法各有不同，形成了封火山墙的多样造型。

湖广会馆的封火山墙通常用砖石砌筑，用条石垫底，其造型非常丰富。第一种是比较简单的人字形山墙，例如亳州湖广会馆与宣化店湖广会馆；人字形山墙经过简单的变异发展出金字形山墙，例如漫川关武昌会馆、黄龙武昌会馆，都具有比较硬朗的线条（图 4-15、图 4-16）。第二种是五花山墙，呈台阶状，例如丰盛镇禹王宫。第三种是云纹山墙，呈现柔和的曲线，形如云朵，例如旬阳黄州会馆（图 4-17）；云纹山墙变异出陡峭而不规律的曲线后，加上脊饰，就成了龙形山墙，例如重庆齐安公所（重庆湖广会馆中保存得最为完好的建筑），气势十足（图 4-18）。龙形可能是为了加强会馆的气势，突出会馆的地位，也有可能取以龙镇火的意图。

封火山墙是湖广会馆建筑的特色之一，造型丰富的封火山墙结合墙体的雕刻绘画，如同扣人心弦的乐章。

图 4-15 漫川关武昌会馆山墙

图 4-16 黄龙武昌会馆山墙

图 4-17 旬阳黄州会馆山墙

图 4-18 重庆湖广会馆（齐安公所）山墙

4.3.4 禹王宫、湖广会馆的构造特征

4.3.4.1 屋架结构

(1) 穿斗式

在中国传统民居的大木作中，主要有抬梁式和穿斗式两种屋架。由于穿斗式结构对材料的尺寸要求不高，有的地方甚至可以使用竹子来替代，因此经济性决定了穿斗式结构成为最普遍的屋架结构(图 4-19)。

穿斗式结构的基本单位是排扇，在一排扇中，横向的构件贯穿每根柱子，因此也称为穿。架在穿上的短柱称为骑柱，相比于通常的支撑柱，骑柱好像孩童一样骑在穿上，因此也被称为童柱。由于穿的材料强度较高，两根柱子之间一般只设一到两根骑柱，偶尔有三根。

（2）抬梁式

相比于穿斗式结构，抬梁式结构由于一榀屋架中只有两根柱子落地，因此能获得较大的无柱空间（图 4-20）。正因为此，抬梁式结构对材料的要求比较高，造价也昂贵。出于祭祀空间的神圣，禹王宫的殿堂中间必然不能有视线遮挡，因此必须通过抬梁式结构来获得较大的无柱空间，基本上所有的禹王宫都采用这一构造。

随着时间的推移，禹王宫中的抬梁式屋架也发生着演变，出于审美的需求，屋架上出现了结构与装饰的融合。在这种形式中，三架梁下不置蜀柱，而采用驼峰，其他部位的蜀柱用布满精美雕花的片状构件替换。

（3）混合式

通常情况下，禹王宫的同一处殿堂会将上述两种结构形式结合使用，以扬长避短。即在中间使用抬梁式结构获得跨度，两侧使用穿斗式结构获得经济性。这种混合的结构在平面上表现出来的就是减柱造，一般减去中柱，例如大昌帝主宫大殿（图 4-21）。

还有一种混合方式是砖木混合结构，即省去两侧的穿斗结构，将中间抬梁屋架的穿枋直接搭在山墙上，例如铁佛湖广会馆大殿（图 4-22）。

图 4-19　穿斗式

图 4-20　抬梁式

图 4-21　穿斗抬梁混合式

图 4-22　砖木抬梁混合式

（4）其他形式

在调研中发现，一些建于清末时期的湖广会馆采用当时的先进结构，例如郑州的湖北会馆大殿，直接使用了木桁架结构。

以上多种屋架形式表现出匠师对材料与结构的考究，也表现出其不拘一格、敢于突破的创新精神。

4.3.4.2 减柱造

禹王宫和湖广会馆的大殿中常采用减柱造的形式，通常是减去大殿中心的柱子以获得开敞的空间，例如旬阳黄州会馆的拜殿和正殿省去了明间两根中柱。

戏楼中因表演空间的特殊要求也会常常用到减柱造。如重庆禹王宫的戏楼就减去了前面两根金柱，目的是减少柱子对表演者的干扰与遮挡。减去的柱子应当承担的屋顶荷载通过斜插的木枋传递到角柱，十分巧妙。调研发现，在戏楼的第二层大多省去了两根金柱，在底层中这两根柱子都存在，目的在于增加对荷载的承受能力，受力更加科学。另外，并非所有的戏楼都会减去这两根柱子，若台面已经足够宽阔，则不需要减柱处理就能获得通透视线。

4.3.4.3 山墙

明朝以后，砖石材料开始大量普及。相比土坯，由于其出色的防潮、耐火性能，在公共建筑中被大量使用。湖广会馆的山墙通常使用空斗砖来砌筑，因为使用了前述的屋架结构，山墙不再是承重构件，因而可以做出丰富的造型，从而形成多样的封火山墙。

湖广会馆的山墙通常高达十多米，空斗砖自身难以保证稳定性，为了加固墙身，工匠开始使用铁栓构件将墙身与木构架连接在一起。铁构件平端紧压外墙面，另一尖头穿过山墙插入木构架，如同现代的钢筋结构，通过铁栓的张力将山墙与木构架连成整体。铁栓的平端拥有很多造型，最常见的呈梭形，称为“蚂蝗箍”，因为本身形状像蚂蝗，同时也取蚂蝗吸附牢固的意思。还有一些铁栓是宝瓶与蝙蝠的造型，取的是“保平（安）”与“福”的谐音，表达了建造者祈求平安、幸福的愿望。

4.3.4.4　柱础

柱础是承受屋柱压力的奠基石。出于防潮和优化承压的需求，传统木屋架的柱子下方必须垫在柱础上。柱础的形式多种多样，一类是简单的无雕琢的鼓式，浑然一体，比较朴素。一类有简单的分层，形成三段或者两段线脚，但仍然缺乏雕刻。还有一类是经过精心雕琢的柱础，例如铁佛禹王宫柱础雕成龙形，刀法遒劲，形态生动，气势十足（图 4-23）。

图 4-23　铁佛禹王宫柱础

4.3.4.5　月台

月台指正殿前突出连着台阶的平台。作为殿前的休息空间，因可以在晚上赏月而得名。湖广会馆的月台通常设置在拜殿前，外沿设有石栏杆以防跌落。

4.3.4.6　屋面

湖广会馆通常做瓦屋面，一般而言，位于北方的湖广会馆多采用筒瓦，位于南方的湖广会馆多采用当地盛产的小青瓦。在屋面的构造上，通常是在木梁架上置檩条，檩条上铺望板，板上置桷板，呈扁平状，尺寸大约是 10 厘米宽，2～4 厘米厚。桷板大致相当于椽子，不过椽子的用材更大。

4.3.5 禹王宫、湖广会馆的装饰细部

4.3.5.1 装饰题材

湖广会馆建筑的装饰题材非常丰富，几何纹样、动植物、人物、文字、戏曲内容以及民间传说都是常用的装饰题材。

常用的几何纹样如万字纹、龟背纹、铜钱纹、拐杖龙纹、冰裂纹、回纹、菱形纹等，多用在窗格、栏杆等处；常用的动物以龙、凤为主；植物题材包括松、柏、菊花等；文字题材以福、禄、寿、喜为主，表达了对美好生活的祈愿。

戏曲内容中以“三国”题材最为普遍，因为《三国演义》的故事在民间广泛传诵，民众更喜闻乐见。一些表达“忠孝礼义”思想的民间传说也运用得很广泛，例如齐安公所的“二十四孝图”等。

4.3.5.2 装饰手法

（1）塑像

塑像主要是指禹王宫中大禹的塑像，不同地方大禹的造像具有一定的差异，不过大体上符合大禹的基本形象。值得一提的是，在个别禹王宫地址的附近出土有赑屃负碑的塑像。

（2）浮雕

浮雕是湖广会馆中比较常用的装饰手法，按材料分为木雕、石雕、砖雕，显示出古人高超的技艺与智慧。

石雕主要用于防水，例如接近地面的石栏板、柱础等部位，结合了防潮与装饰。木雕的使用最为广泛，在屋架、额枋、封檐板等处都有使用，戏楼的栏板、撑弓、挂落、瓜柱等位置都是木雕技艺着重表现的部位。砖雕多用于山门和屋脊处，模拟木结构，题材也很丰富，有花草鱼虫、戏曲故事以及福禄寿三星等传说中的人物。

（3）瓷片

瓷片这种装饰手法主要是从东南沿海地区流传过来的，演化自沿海地区的贝壳拼贴艺术，类似今天的马赛克拼贴，给湖广会馆建筑增添了些许“异域”风情。一般是收集碎瓷片构图达到装饰的效果，取

谐音“岁岁平安”之意。瓷片的颜色通常比较朴素，以青、白两色为主，一般用于脊饰或山墙的山花处。

（4）彩绘

禹王宫中的彩绘艺术也比较精美，以黑、红两色为主，偶尔点缀金色。红配黑可以说是古代楚地的传统色彩，因为楚地在南方属于朱雀，主火，因此楚国人崇尚红色。黑色属阴，代表水，楚地正是水泽之国，因而黑色也是楚国的代表颜色。另外，《韩非子·十过》里说道：“禹作为祭器，墨漆其外，而朱画其内”，指的是大禹时期就有了红配黑的传统。

（5）书法楹联

书法楹联的运用不仅是一种装饰手法，也是建造者抒发情怀、展示政治抱负和道德情操的一种方式。

在湖广会馆中，楹联是同乡弟子抒发思乡之情、施展政治抱负、讴歌先人事迹、赞誉乡神丰功的表达。例如，李庄禹王宫山门处匾额的“功奠山河”，重庆禹王宫大门有联“三江既奠，九州攸同”，都是对大禹治水功劳极高的评价。洛带湖广会馆正殿有联“看大江东去穿洞庭出鄂渚水天同一色纪功原是故乡梦，策匹马西来寻石纽问涂山圣迹几千里望古应知明月远”，表达了湖广移民对故土的思恋之情。还有重庆禹王宫小戏楼的楹联“是是非非恩恩怨怨来来来认认真真想想事，忙忙碌碌朝朝暮暮坐坐坐潇潇洒洒宽宽心”，表达了一种淡然的生活智慧，读起来意味深长。

4.3.5.3 装饰部位

（1）天花、藻井

湖广会馆的建筑室内吊顶大多采用彻上明造，即将整个梁架暴露在外，取得室内高敞通透的效果。也有的采用天花的做法，也就是平暗，使建筑顶部表面平整。也有采用藻井来装饰重点部位的屋顶，如戏台正上方，取得声学需求与造型装饰的统一。

（2）额枋、撑拱、栏板

额枋是檐柱之间的横向联系构件，湖广会馆多采用雕刻来装饰。

为了不影响额枋的结构强度，因而采用浮雕形式。

撑拱通常有板状和柱状两种。板状多以浮雕手法刻花草、器物、文字和历史故事等，风格通常以朴实雅致取胜。柱状撑拱则多做镂雕，题材多以人物和动物为主，立体感很强，极富视觉冲击力（图 4-24）。

图 4-24 撑拱木雕

戏楼的栏板通常是戏楼装饰的重点，同时也是整个湖广会馆建筑群中雕刻最为精彩的部分。手法以高浮雕为主，通常表现一连串的戏曲故事。木雕中的人物惟妙惟肖，展示出高超的手艺（图 4-25）。

（3）山门、墀头

山门通常是石雕中极力表现的地方，山门处用石材模拟木构的形式，以浮雕为主，题材丰富，包括人物及花鸟鱼虫等，例如扬州湖南会馆山门的处理（图 4-26）。

图 4-25 戏楼栏板处木雕

图 4-26 扬州湖南会馆山门

墀头是山墙出檐柱的部位，因此通常与封火山墙一起表达。多使用叠涩的形式收入山墙面。屋脊处通常高高起翘，增强气势，例如旬阳黄州会馆。

会馆建筑中存在一种比较特殊的砖雕形式，在砖上阳刻会馆的名称，并用来砌筑，也就是所谓的“铭文砖”，多建于山墙面。湖广会馆中出现过的铭文砖包括黄州会馆的“黄州”“黄州馆”“齐安公”及“黄州书院”的字样，武昌会馆也出现过“武昌馆”和“鄂郡”的字样。

4.4 禹王宫、湖广会馆建筑实例分析

4.4.1 禹稷行宫

禹稷行宫位于龟山的禹功矶上，是全国重点文物保护单位，是武汉历代祭祀大禹之 地。

4.4.1.1 历史沿革

相传禹稷行宫始建于南宋绍兴年间。据清人胡凤丹的《大别山志》的记载：南宋绍兴年间，禹王庙是由司农少卿张体仁在绍兴年间督造的，距今已有八百多年。

到了明朝天启年间，禹王庙中加祀了后稷等先贤。后来的明朝湖广地方官张元芳还写了碑记来记载，因此禹王庙更名为禹稷行宫，一直沿用到今天。

禹稷行宫现在的样子则是清同治年间重修的。20 世纪 80 年代初，禹稷行宫开始破败不堪，1983 年 12 月，武汉市文物局按照“保持现状，恢复原状”的原则，对禹稷行宫进行修缮。

4.4.1.2 建筑现状

（1）平面布局

禹稷行宫坐北朝南，占地约 400 平方米。沿着中轴线由山门、天井、禹王殿和环绕天井的游廊组成。禹王殿前、后、侧方设有小门，方便通往毗邻的晴川阁及禹碑亭。整个禹稷行宫呈矩形，布局规整，

依照山势修建，通过台阶来消弭高差（图 4-27）。

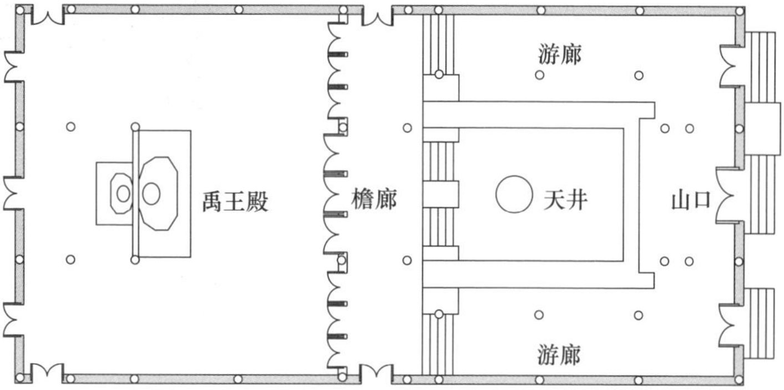

图 4-27　湖北武汉禹稷行宫平面图

（2）空间结构

禹稷行宫入口处山门是三花的形式，开设有门洞，门洞上方的匾额内刻黑字，从右到左分别是“锡（赐）范”“禹稷行宫”和“陈常”。山门大面为白色，红色装饰柱梁包边，顶上覆盖黑色筒瓦（图 4-28、图 4-29）。

图 4-28　禹稷行宫山门

图 4-29　禹稷行宫屋架

进入山门即能看到禹王殿。禹王殿面阔 14 米，共有三开间，进深则是 12.6 米，计四个开间。正脊下方高约 7 米。禹稷行宫采用硬山顶，架设在抬梁式结构之上，屋脊两端起翘，呈凹形曲线。禹王殿外侧檐廊的屋顶使用卷棚，与游廊连通合围成方形天井。

禹王殿内供奉着两尊大禹像，分别是禹王时期和青年时期的大禹，两者背靠同一面屏风放置（图 4-30）。

禹稷行宫依靠山势而建，虽然平面组成较为简单，但组合较为巧妙、整洁，整体环境十分幽静。

图 4-30　禹稷行宫大禹像

4.4.2　重庆湖广会馆禹王宫

鼎盛时期的重庆城有八省会馆的说法，集中分布于重庆下半城，即今天的渝中区东水门长江边，由于会馆建筑深厚的历史文化积淀，这里也被称为重庆的母城。八省会馆包括湖广会馆、广东会馆、江西会馆、山西会馆、陕西会馆、福建会馆、云贵会馆、浙江会馆等多个省份的移民会馆。

重庆湖广会馆建筑群是八省会馆中的翘楚，也是全国已知城市中最大的古会馆建筑群，占地面积达到 18000 平方米。现今的湖广会馆包括禹王宫、齐安公所及广东公所。这里的湖广会馆建筑群是三个会馆的合称，由于禹王宫的规模最大，因此是以禹王宫的别称湖广会馆来命名的（图 4-31）。

图 4-31　湖广会馆建筑群模型
资料来源：摄于重庆湖广会馆展厅。

4.4.2.1 历史沿革

重庆湖广会馆建筑群禹王宫，又名禹王庙、三楚宫、湖广会馆。据清乾隆《巴县志·坛庙》记载："禹王庙建于清乾隆十五年（1750年）"，在道光二十六年（1846年）经历过一次重修。后来在20世纪80年代中期，重庆市第二次文物普查时发现了破败的湖广会馆建筑群。在道光二十六年遗存下的建筑基础上，湖广会馆于2004年11月开始了修复工程，2005年完工。

4.4.2.2 建筑现状

（1）平面布局

现存的禹王宫整体面对长江，坐西北朝东南（图4-32）。建筑群依山就势，上下有十余米高差，极富层次感，规模宏大。按中轴线布局，依次分布着拜殿、禹王殿、戏台、正殿。戏台与前后两个殿之间各设一个天井来缓冲。在轴线的两侧是交通空间，由多段台阶组成，消解了巨大的高差，与天井空间共同组成了水平与垂直方向的交通。

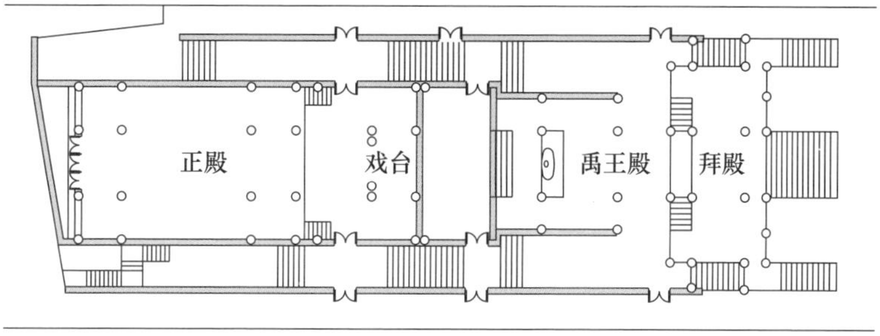

图4-32 重庆湖广会馆禹王宫平面图

（2）空间与结构

禹王宫的入口为牌楼，一共六柱五开间，明间最宽约为5.8米，明间额枋设有匾额，上书"禹王宫"三个大字，次间和尽间略小，各3.2米，屋顶为三重檐歇山形式，翼角高昂。檐下设有四层斗拱，昂与脚梁雕成龙头形状，朝着长江，寓意为大龙锁江。整个牌楼使用楚地传统配色，即以黑、红两色为主，在龙头等点睛之笔处施以金色（图4-33）。

穿过牌楼后来到拜殿，拜殿面阔五间，进深三间。通过拜殿两侧或中间的台阶就能到达紧挨着的禹王殿，禹王殿同样面阔五间，进深三间，两殿屋顶穿插结合在一起，禹王殿正中设置大禹塑像。

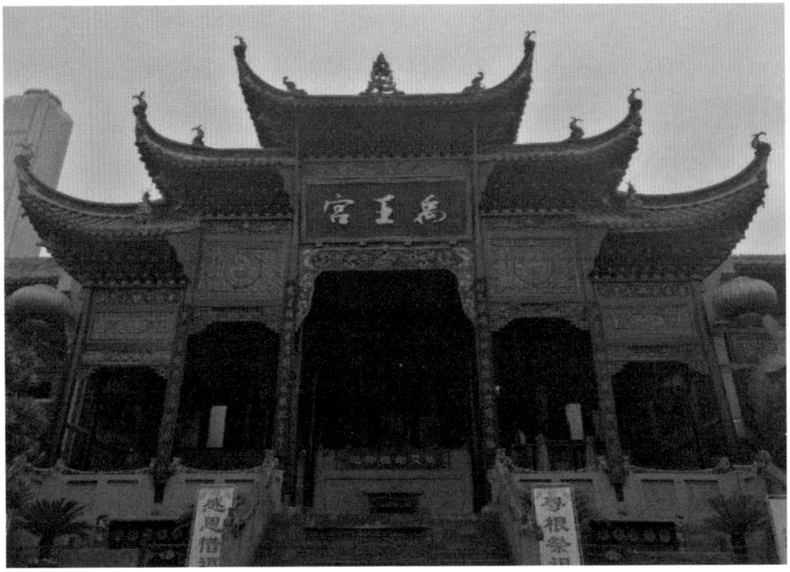

图 4-33　禹王宫牌楼

因地形限制，禹王宫的戏台到正殿距离仅有 3.3 米，因此正殿设置了院坝来保证水平间距，在解决用地局促的同时还能获得良好的视角。由于小戏台面阔仅有 6.8 米，必须通过减柱造来消除戏台柱子遮挡（图 4-34）。牌楼前端新修一座大戏台，形制与整体比较协调（图 4-35）。

禹王宫正殿三开间，进深五间，为抬梁穿斗混合结构，净高达到 10.65 米，是湖广会馆建筑群里最高的一处大殿。正厅梁、柱均选用优质大柏木建造，据说主要木材当年都是从湖北运过来的，立柱直径约为 50 厘米，历经 150 多年仍完好无损。

禹王宫依山就势，分层筑台，具有丰富的空间层次，顺应地形的梯道与两侧山墙所开设的门洞构成了整体的交通流线，打破了建筑轴线与交通流线重合的规制。起伏而高耸的山墙进一步强化了建筑整体的层层叠叠，与自然山体融合为一，是山地建筑的典范，对今天的山地建筑设计而言也不失为一种参考。

图 4-34　禹王殿小戏台

图 4-35　禹王宫新增戏台

5　关帝庙与山陕会馆

5.1　关帝庙、山陕会馆与关帝崇拜

5.1.1　关帝崇拜

在明清以前，关羽早已是全民祭拜的对象，而为何是山陕会馆将关帝崇拜文化发扬光大呢？这两者之间的纽带是山西运城及其盐经济文化。原因如下：运城是关羽的诞生地，是他青年时代生活的地方，之后他在荆州立下政绩，后南征北战，直到在当阳就义。可以说，关羽在山西运城的时间并不算很长，也没有很多有史实的丰功伟绩。然而山西运城民间却流传了很多有关关羽的故事和传说，这些故事和传说世代流传，形成浓厚的关帝崇拜氛围。而山西运城又是一个极为特殊的地方，它是中国历史上唯一的盐务专城，这里从唐代以前就开始依靠天日晒盐的办法产盐，到了宋代运城盐池制盐技术进一步发展和完善，食盐产量大大提高。从宋代到明代“垦畦浇晒法”几经波折，而到了清代，食盐生产形成了完整科学的生产方法，产量大大提高。山西商人从盐业贸易中获取了大量利润，开始沿着贩运盐的商业线路在全国范围拓展各行各业的商业贸易，这样，也就把对关帝的崇拜传播到了全国各地，由此在全国掀起了关帝崇拜的热潮。

5.1.2　关帝庙概述

关帝庙又称武庙、武圣庙、文衡庙、协天宫、恩主公庙，是祭祀中国三国时代将领关羽的祠庙（图 5-1～图 5-4）。而关帝之称来自明朝皇帝授予关羽的“关圣帝君”封号。

图 5-1 河南开封朱仙镇关帝庙

图 5-2 河南周口关帝庙

图 5-3 山西解州关帝庙

图 5-4 安徽亳州大关帝庙

在《中国建筑艺术全集》的《坛庙建筑》分册中收录关帝庙[1]，以此作为参考，关帝庙在中国古代建筑分类中为“庙”。然而，在实地考察调研中发现，很多关帝庙和山陕会馆紧密相连。

5.1.3 山陕会馆概述

山陕会馆即明清时代山西、陕西两省工商业人士在全国各地所建会馆的名称。

当时，山西与陕西商人为了对抗徽商及其他商人，常利用邻省之好，互相支持，互相帮助，实现共赢，人们通常把他们合称为“西商”。山陕商人联合在很多城镇建造山陕会馆，遍布全国各地的规模宏大、气势磅礴的山陕会馆建筑群就是最有力的见证（图 5-5～图 5-8）。

1 《坛庙建筑》是《中国建筑艺术全集》的第 9 分册，第 11 分册为《会馆建筑·祠堂建筑》。

图 5-5　河南社旗山陕会馆

图 5-6　河南开封山陕甘会馆

图 5-7　山东聊城山陕会馆

图 5-8　四川自贡西秦会馆

5.2　关帝庙、山陕会馆的分布特征

到目前为止，全国范围内山陕会馆共有 637 座。这些会馆名称各不相同，细分起来达两百多个，其中一些会馆还有两个或者两个以上的名称。这六百多个山陕会馆分布于全国各省、自治区、直辖市，包括安徽、福建、甘肃、广东、贵州、河北、河南、黑龙江、湖北、湖南、吉林、江苏、江西、辽宁、青海、山东、山西、陕西、四川、台湾、云南、浙江 22 个省，广西壮族自治区、内蒙古自治区、宁夏回族自治区、西藏自治区、新疆维吾尔自治区 5 个自治区，以及北京、天津、上海、重庆 4 个直辖市。其中，河南省内的山陕会馆数量最多，有 90 个之多，其次是北京市，有 88 个，而山西省内也有 68 个山陕会馆。除了河南省、北京市、山西省，数量在 50 个以上的省份或者地区还有内蒙古自治区和湖北省。

5.3 关帝庙、山陕会馆的建筑形态

5.3.1 关帝庙、山陕会馆的选址特点

关帝庙与山陕会馆选址的共性是建立在山陕会馆是关帝庙的“衍生物”这一基础之上。关帝庙作为纪念性祭祀建筑，对于选址颇为考究，而山陕会馆作为长期持续包含实际功用的建筑，在选址上也受到了关帝庙的影响。虽然两种建筑类型因其使用功能的差异而在各个层面互有出入，但是从下文的论述中可以明显看出关帝庙与山陕会馆的选址方式上存在共性。

5.3.1.1 关帝庙建筑的选址

关帝庙建筑的选址是十分复杂的，涉及关帝庙建筑所在区域的自然环境和社会人文环境、对关公的崇拜文化和精神追求以及中国古代传统的风水理论。以下通过不同地区的关帝庙选址情况分类总结，并根据关帝庙建筑选址特点进行分析，对影响关帝庙建筑选址的原因进行分析。另外，因为大多数在山西以外的关帝庙大多数演化为山陕会馆，而纯粹的关帝庙在山西境内多见，并大多保存完好，所以这里有关关帝庙建筑选址的讨论以山西境内为主。

关帝庙建筑的分布广泛，毫不夸张地说，哪里有人祭拜关帝，哪里就有关帝庙的存在，相比山陕会馆，可能更缺乏分布规律。对关帝的祭拜在山西地区盛行，所以山西的关帝庙更多。关帝庙建筑遍布府、郡、县和村落，以及一些守城重地。需要说明的是，这里其实讨论的是广泛意义上的关帝庙，排除了关帝庙后来演化成山陕会馆的因素。

在各府、郡、县中出现关帝庙的主要作用，其实是帮助封建统治阶级更好地维护统治地位。随着祭祀关帝越来越盛行，主要府、郡、县中都建有关帝庙，以便于官府举行祭拜活动。山西的省府太原市在全国的省府中拥有数量最多、规模最大的关帝庙，明清之际的太原城，庙寺观庵不下百余座，据记载：“关帝庙在城共有二十七座。”其

中规模最大、建筑最宏伟的就是庙前街大关帝庙。这里是省级各级官吏祭祀关羽的地方，自然是省城中最重要的地段。此关帝庙位于庙前街，也因为这座关帝庙的存在，整个街区更加繁华热闹。

另外，还有一部分关帝庙建筑并非在一些省府或者自然村落，而是在城门子城和瓮城之中，这一点在山西关帝庙中颇为常见。这是一种特殊的关帝庙选址方式，人们希望关公显灵保佑作战旗开得胜。在平遥古城墙上东门瓮城内就有一座小型的关帝庙。这样的关帝庙并不多见，但是因其特殊性，仍然被认为是关帝庙的一种重要的存在形态。

5.3.1.2 山陕会馆建筑的选址

在本章第二节介绍了关帝庙与山陕会馆的分布，建筑的分布决定了建筑所处的大环境，一部分山陕会馆建造在较大的府城中，如开封的山陕甘会馆、洛阳的潞泽会馆等，其他大多建造在交通便利的县、城镇等，如南阳社旗的山陕会馆、舞阳山陕会馆、郏县山陕会馆、周口关帝庙、亳州关帝庙等。这些会馆多选址在经济繁华的区域。一些州县如今看来规模和繁华程度并不起眼，但从历史的角度来说则大相径庭，例如图中描绘的是亳州在清代时期的手绘地图，可以明显看到，城内有庙宇数十座，各街各巷商铺云集，一片繁荣，这也是山陕会馆普遍所处的区域环境。而选址则决定了山陕会馆所处的具体的小环境，建筑小环境直接影响了会馆的平面布局与空间形式。

5.3.2 关帝庙、山陕会馆的布局特点

从总体规划看，山陕会馆和关帝庙都是典型的对称式中国北方传统建筑，建筑群体组团明确、疏密有致。建筑的组织、院落的分割、高差的错落，以及建筑的形式、院落的面积等，无不根据使用的功能性进行定位。

在总体上比较山陕会馆和关帝庙的形制是否有共通之处，已经有学者进行过几何学的研究。学者对山西解县关帝庙总平面图进行分析

后发现，山西解县关帝庙的几何中心在正殿——崇宁殿。[1]对河南地区山陕会馆总平面进行案例分析发现，潞泽会馆“从院落的四角连线，全院的几何中心正好落在月台的前中部，而从主殿院南面的东西角部连接大殿北部的两角，交点正好落在月台的正中”；而开封山陕甘会馆从主殿院落，分别连接角部，牌坊正好位于几何中心，是主殿院的空间分割点。从牌坊的横向轴线分割空间，北部的几何中心恰好落在大殿与卷棚交接的边上。从钟鼓楼到照壁的空间中，几何中心则恰好落在戏楼的中心。[2]从以上几何学分析不难发现，山陕会馆与关庙建筑还是有一脉相承的形制，几何中心都落在正殿前后，区别是山陕会馆由于需要容纳大量的人看戏，观演空间面积大，例如可以容纳大量人群的庭院，几何中心往往落在正殿之前的月台，或者正殿之前的牌坊上。

5.3.2.1 轴线

大型的中国古建筑大多崇尚序列感和仪式感，建筑群往往有明确的主轴线，主轴线上的建筑一般为最重要的建筑，而分居轴线两侧的大型建筑与轴线上的建筑一起形成院落。这一点也体现在山陕会馆建筑群的总体布局上，几乎所有的山陕会馆都是中轴线设计，在中轴线建筑一般有戏楼、拜殿、春秋楼等，根据建筑的规模，在中轴线上还可能存在照壁、牌楼等。例如，建筑规模较小的开封山陕会馆在中轴线上建设主要建筑，如中轴线上的照壁、戏楼、牌楼、拜殿和春秋楼等，除了在最北端被进行过现代建筑填补的办公区之外，建筑保持严格的对称格局；洛阳山陕会馆中轴线上的建筑有照壁、山门、舞楼、大殿、拜殿；而建筑规模较大的社旗山陕会馆位于中轴线上的建筑有照壁、悬鉴楼、石牌坊、大拜殿、春秋楼；自贡西秦会馆的中轴线上的建筑有武圣宫大门、献计楼、参天阁、中殿和祭殿。

---

1 傅熹年．中国古代城市规划、建筑群布局及建筑设计方法研究［M］.2版．北京：中国建筑工业出版社，2015.

2 观点及分析图参见于鹏《河南“山陕会馆”建筑研究》。

5.3.2.2 序列

轴线是为了增强建筑的仪式感和序列感，在轴线上还讲究先后顺序。除轴线上最重要的建筑之外，其他分居轴线两侧的建筑也有其序列。值得一提的是，很多山陕会馆规模较大，由原来的一条中轴线发展到两至三条并行的轴线，由中轴线向两边扩展。大多除了轴线上的院落以外，还有两到三个院落，有的规模更大则有着纵横几重院落，戏楼也多至七到八座。最典型的是武汉汉口的山陕会馆建筑群，占地 5500 平方米，平面布局分东、中、西三跨院落，院落之间用山西民居特有的狭长巷道连接。而东西院落布局形式相对自由，但仍然是院落为中心轴对称布置。大部分山陕会馆规模无法与上述武汉的会馆相媲美。如开封山陕甘会馆的平面布局中，中轴线的两侧对称排列翼门、钟鼓楼、配殿、跨院等。整个建筑布局以戏楼、正殿为核心，附属性建筑围绕这两个核心，左右对称布置。东西跨院通过垂花门与主院相通，形成似隔非隔、隔而不断的建筑空间组合。而东西跨院规模较小，整个院落建筑群体的规模比较小，仅正殿一个建筑单体，建筑群体也仅有堂屋和戏楼。再如，潞泽会馆建筑群，也呈严格的中轴对称，轴线上依次为戏楼、大殿和后殿，另对称布置厢房、耳房、钟鼓楼和配殿。洛阳山陕会馆两侧分别有东西掖门、廊房及厢房、配殿等。苏州全晋会馆也属于中等规模的山陕会馆，也分为中、东、西三路。不过规模庞大的南阳社旗山陕会馆却没有具备两侧跨院，只有一侧跨院为道坊院。从中不难看出，在轴线序列上，主轴线最重要，而左右轴线可有可无。根据功能需要进行布置。其次是建筑的序列，除了中轴线上的主要建筑以外，是同样祭拜其他神灵的建筑，包括马王殿和药王殿，但是显然这些神灵的重要性不比关帝。其他房间包括厢房、耳房和大小配殿，也属于附属建筑，根据建筑的规模和使用功能进行排布。

在整体序列感基本保持统一的情况下，根据创建者的喜好和审美，建筑单体的位置也有所差别。开封山陕甘会馆与社旗山陕会馆的建筑差异还体现在建筑单体建设位置的不同。例如，开封山陕甘会馆的钟楼、鼓楼设在戏楼北面的东西两侧，钟鼓二楼相对而建的；而社旗山陕会馆的钟楼和鼓楼是与悬鉴楼并排而建的，分别位于悬鉴楼的东西两侧，只不过为了让戏楼获得更多的观赏角度，钟楼和鼓楼退后，让戏台台口能更多地显露出来。其与悬鉴楼共同组建成一个建筑团体。

5.3.2.3 院落

由建筑围合成院落，由院落再结合成建筑，是中国传统建筑的集中体现，也是中国传统建筑的精髓所在。院落传达的中国传统建筑的精髓有以下几点：首先，院落是中国建筑内向性格的体现，带有防御性和包容性，而山陕会馆所表达的同乡商人“聚集”的情感也可以通过院落传达的空间氛围表达出来。其次，院落和建筑单体完美结合的室外空间，在山陕会馆中起着极其重要的功能作用，容纳观看戏曲表演的观众，是除了看楼这种固定观演场所以外的灵活场地。再次，院落有效地组织了功能建筑，山陕会馆形成院落的建筑一般有戏楼、正殿以及耳楼、客廨、后殿、厢房等，可以观戏，日常商议事务。不同的院落将不同的功能空间组合起来。从平面布局上来看，大多数山陕会馆沿用了以木构架为主的建筑体系所共有的组织规律。以“间”为单位构成单座建筑，再以单座建筑组成“庭院”，进而以庭院为单位，组成各种形式的组群。各个建筑组群的围合，把整个大院组织成不同的庭院。

5.3.2.4 功能

建筑功能是建筑布局的根本，从中国古代建筑到现代建筑，都始终贯彻这一设计理念。在前文中已经详细地说明了山陕会馆的功能，并从物质和精神两个方面阐明了山陕会馆对于山陕商人的意义。归纳起来，山陕会馆的主要功能有两个，一是观演，二是祭祀。两者之间又有重合的部分，戏曲表演也是祭祀的一部分。

基于这样的考虑，前文提到的院落组织起这样的功能。这里要另外说明的是，在这两个主要功能之下小的功能分析。对于观演来说，其实更重要的是建筑如何接待表演的人和看表演的人。就像现代的观演建筑一样，提供表演的人除了需要戏台和钟鼓楼，还需要准备的空间，这些功能空间是配套辅助建筑，故经常设在戏楼两侧与看楼垂直相交的角落里，也往往在此处设置楼梯，与看楼共用。有时，这里也同时设置相对称的钟楼和鼓楼。而看戏的人需要有遮蔽的看戏空间，这样的空间往往设置在看楼的第二层。而第一层当门扇全部打开时也可以满足观演需求。看楼的基地高度往往高于观演院落的基地高度，这满足了观看的视线需求。看楼第二层往往为开敞的出挑廊道，可以获得与戏台平齐或更高的观看视角。看楼的观演人员的等级显然要高于院落中露天观演人群。

祭祀的功能布置分为几个部分。首先，在重要的殿堂里往往设置关羽像，殿堂的规模大小根据各山陕会馆的祭祀需求有所不同，有时只有一间大殿，有时有大殿和拜殿两个建筑连成一体的祭拜空间，有时有抱厅的情况。除了祭祀的建筑本身的形态有所差异造成建筑布局的差异之外，还需要提到的是，很多山陕会馆并不只祭祀关帝。这种取舍主要来源于投资兴建会馆的主要商人所从事的生意门类的差异。例如，开封山陕甘会馆的神殿区只供奉关帝，而社旗山陕会馆的神殿区另设药王殿、马王殿，分别供奉药王孙思邈、马王爷塑。据记载，社旗镇在明清时期所营商品多为药材、生漆、桐油、竹木、凉食、棉花、布匹、茶叶、食盐等，其中以药材、茶叶、木材、布匹、食盐为主。由此看来，山陕会馆祭拜的神灵和各自会馆创建商人所在的行业相关，而关帝是无论从事什么行业的山陕商人都必须祭拜并且主要祭拜的。

5.3.2.5 朝向

山陕会馆的建筑朝向受到各方面因素的影响，这些影响来源于山陕会馆建筑的由来。一些建筑是由庙宇而来，而宗教性建筑比较注重建筑的朝向。虽然关帝庙也像大多数建筑一样，需要考虑建筑环境的诸多因素，但是由于供奉关帝圣像，圣像的坐向决定建筑的朝向。而在尽可能的情况下，关帝坐像应该坐北朝南，因此，大多数关帝庙都是坐北朝南的，如解州关帝庙、周口关帝庙等。而一部分山陕会馆是在关帝庙的基础上进行加建的，自然也按照建筑原来的轴线进行扩建。另外一部分建筑由住宅改造而来，按照中国北方的地理条件，坐北朝南是北方地区一般建筑群的主要布局方式，例如，开封山陕甘会馆坐北朝南。也有一些建筑并不是正南正北朝向，稍有偏差，如洛阳山陕会馆。还有一些会馆是新建的，因为祭祀的需要，也将建筑的朝向取为坐北朝南，例如社旗山陕会馆、苏州全晋会馆等。新建的山陕会馆和其他建筑一样，与周边的地形地貌相关，例如一些建在山坡上的山陕会馆，如徐州会馆的朝向是坐西向东。还有一些建筑是在山脚下，也根据山体的等高线垂直布置建筑轴线。

5.3.2.6 高差

山陕会馆的布局中，建筑的高差有一致性，同时也有特殊性。

山陕会馆建筑高差的一致性基于建筑增强序列感的目的，在轴线上的建筑，从山门到戏楼，从戏楼到大殿，从大殿到春秋阁，基本遵循层层升高的原则。在调研过程中发现，河南境内的大多数山陕会馆的戏楼与观演区在同一标高，在庭院北部的正殿设有月台。为了不阻挡观演的视线，有效地满足视角，戏台多抬高，有的稍稍抬高，有的甚至高于一层楼。观演院落尽端的大殿多建在台基之上，由于功能需要，大殿前多设有月台，有地位的人可以在月台或殿内与神共同观戏，也能获得最佳的观感。而在四川地区，这样的序列感会通过高差表达得更为明显。再例如，四川自贡的西秦会馆，通过测绘画出西秦会馆的主剖面，可以看到建筑层层抬高的走势。由于四川地区的特殊地形，建筑的这种“上升”趋势更加明显地体现出来。而在河南地区，地形多为平原，会馆也多在平坦之处，不可能像巴蜀的会馆那样利用地形的自然坡度，采用从戏楼到院落、到正殿地坪逐渐升高的做法。

5.3.3 关帝庙、山陕会馆的建筑特征

山陕会馆是在关帝庙的基础上演化而来的，可以说山陕会馆在建

筑特征上属于关帝庙建筑的一部分，在演化的过程中，关帝庙的不断变化影响山陕会馆的变化，同时又杂糅了地域、气候、人文等复杂的因素，传承并演化后成为了山陕会馆的建筑群体。这里的建筑单体指的是构建起山陕会馆建筑群的建筑实体，不包含装饰性的建筑构架和构件，即包含照壁、山门、钟鼓楼、戏楼、正殿、后殿等。

5.3.3.1　照壁

山陕会馆的照壁多建在轴线最南段，处于主轴线中心位置，将建筑群主体和街道分隔开来。例如，开封山陕甘会馆和社旗山陕会馆的照壁都临街而设，阻隔了外部街市的喧闹，保持了建筑内部宁静大气的氛围（图 5-9）。在关帝庙中，照壁也处于轴线尽端，虽然解州关帝庙的照壁处于建筑群的中间位置，但是作为关帝庙的主要建筑群体，撇开前面的景观构筑物，照壁还是处于尽端的地方（图 5-10）。山陕会馆的照壁与中国古代建筑的其他照壁形制基本相同，包括台基、壁体和屋顶三部分。山陕会馆多借助关帝庙而建，所以照壁的大小及规格一般会有所升高。例如，开封山陕甘会馆照壁高 8.6 米，长 16.5 米，厚 0.65 米，其正投影为长方形，比例接近 2 ∶ 1；而社旗山陕甘会馆照壁高 10.15 米，宽 10.60 米，厚1.45 米，其正投影接近正方形，而且其墙体也比开封山陕甘会馆更敦厚。照壁图案往往与三雕艺术相结合，以显示商人的财富以及特有的晋秦文化。现存的山陕会馆中就有不少精美的照壁，可惜的是，在山陕会馆和关帝庙中，有很多基本保存完整的建筑群体因为建设的需要单独将照壁拆除，周口关帝庙就

图 5-9　开封山陕甘会馆照壁

图 5-10　解州关帝庙照壁

是一例，其照壁的存在只能从文献中找到一些文字记载。照壁的种类按材质可分为琉璃照壁和砖石照壁，等级较高的会馆采用琉璃照壁，规模较小的往往采用砖石照壁。

综观山陕会馆的照壁，其装饰内容丰富繁多，主次分明，立意明确，设计巧妙，嵌接严密，既富丽堂皇，又和谐流畅，给人以直观的美感享受，富有厚重的文化内涵。

5.3.3.2 山门

山陕会馆和关帝庙的山门包含很多类型，如独立式山门、连体式山门。独立式山门又包括门洞式、门屋式、牌坊式等；连体式山门包含牌楼合一和门楼合一两种，山陕会馆和关帝庙的山门形式多种多样，从简易的门洞式到复杂的牌坊、门、戏楼三者结合，都各具特色。

将山陕会馆的山门与关帝庙的山门相比较，两者的山门形制基本相同。例如，朱仙镇山陕会馆就是门洞式入口，而亳州关帝庙与聊城山陕会馆有着相似的牌坊式山门，只不过在屋顶层数和材质上有差别。山陕会馆的山门在关帝庙山门的基础上融入了更多营造者的意愿和与当地建筑风格相结合的意向，使得山陕会馆山门的形式更加丰富多样。

5.3.3.3 戏楼

戏楼是山陕会馆不可缺少的部分。关帝庙中的戏楼一般为祭祀所用，而到了山陕会馆，戏楼被使用的频率增多，每逢节日、祭祀、还愿和祝寿等场合都会有演出，表演不仅给达官贵人和士绅商贾观看，也给当地百姓观看。所以，戏楼在山陕会馆建筑群中有着重要的地位，很多山陕会馆的戏楼都经过了精心设计。

山陕会馆的戏台形式多样，和关帝庙的戏台有很多相似之处。根据戏台的外观形式，可以将山陕会馆和关帝庙的戏台分为三类。第一类是落地式，在两种情况下出现此戏台：一种是与过厅合用的情况，在平时没有演出的时候，当作厅堂使用，在有演出的时候，在台阶上搭上木板就可以演出。还有一种情况是，在附属院落的小戏台，因为

图 5-11　落地戏台

图 5-12　凸形戏台

图 5-13　平口戏台

院落尺度小，只能平视演出。第二类是凸形戏台，这种戏台最为常见，因为台口凸出形成了三面镂空，有利于获得更多的观看视角，并与台下的观众有更多的接触和交流。第三类是平口戏台，这类戏台往往与两边的耳房相平，演员可以从耳房直接上台，不过只有一面能观看，与凸形戏台相比略有局限性。不同山陕会馆的戏台大小也有所不同，戏台的台面宽度小则一间，大则三间，根据表演需求的不同而有所不同，例如，在河南地区的戏曲表演中，演唱时多用梆子击打伴奏，需要更宽敞的表演舞台(图 5-11～图 5-13)。

5.3.3.4　钟鼓楼

在我国古代，钟鼓楼建筑有自己独立的发展历史，楼内设置钟鼓有不同的说法和意义。有的是按时敲钟鸣鼓，为向城中居民报告时辰之用。明清的城市常常在城中心设置钟楼和鼓楼，成为城市中轴线上必不可缺的一个组成部分。有的钟、鼓楼为祭神及迎接神社之用。另外，还以晨钟暮鼓来安排寺庙道观里僧人或道士的作息起居。山陕会馆的钟鼓楼传承于关帝庙中的钟鼓楼，关帝庙中的钟鼓楼提示道士们的作息起居，也在祭祀时使用，而山陕会馆的钟鼓楼更多的是在祭祀时使用，并且在其他重要的日子配合戏台使用（图 5-14）。

5.3.3.5 正殿

图 5-14 开封山陕甘会馆钟楼

正殿是山陕会馆中最重要的建筑，通常位于会馆中轴线的中间部分，位于观演空间之后，正对着戏台。关于正殿的名字还有多种说法，也称大殿，有时也叫关帝殿或者关圣殿等。作为山陕会馆最重要的建筑，首先，正殿从规模上来说是建筑群体中最大的。其次，它处于中轴线的建筑高潮部分，处于月台之上，是与地坪高差最大的建筑。最后，规模较小的山陕会馆只有一座主殿，而规模较大的山陕会馆则有两座，包括拜殿和座殿，拜殿为祭祀场所，座殿供奉关公神位，还有一些山陕会馆会将关帝神位供奉在春秋阁。从这一点也能看出关帝庙和山陕会馆的传承关系。山陕会馆在沿用关帝庙祭祀方式的同时，也传承了祭祀建筑，只是根据使用功能和地形限制做了一些调整。总之，在山陕会馆中，最主要的建筑还是正殿。

5.3.3.6 配殿

在山陕会馆中，主轴线上的主要殿堂不像关帝庙那样有固定的个数和次序。不过山陕会馆的商业性质决定了在很多山陕会馆内还供奉除关帝以外的其他神灵。山陕会馆的配殿有这样一些特征需要说明，首先，山陕会馆除戏台、主殿、钟鼓楼以外的其他建筑大多等级较低，包括廊房、看楼、厢房、配殿等，这些建筑大多形制相同，进深较小，屋顶形式一般为悬山、硬山、卷棚等，所以导致很多建筑的廊房、厢房、配殿区分得并不十分明显。这些建筑往往通过使用功能和空间的划分进行区别：廊房和看楼，一般提供观演空间，多不设隔断；厢房，一般供使用者或者来访者起居；而配殿，一般供奉神灵，无其他功用。其次，配殿一般与其他次要功能房间一起设置在庭院的轴线两侧，也有一些配殿的地位和等级高于其他功能用房，例如在社旗山陕会馆，就设有药王殿和马王殿，分列在供奉关帝的大拜殿两侧，面向悬鉴楼。由此可以看出，在这座建筑中，药王殿和马王殿的建筑等级也颇高，供奉的神灵为社旗山陕商人的行业神。总的来说，配殿在山陕会馆中的布局较为灵活，而建筑形制比较一致。

5.3.4 关帝庙、山陕会馆的构造特征

5.3.4.1 建筑构造的灵活性表现在大量使用减柱造和移柱造上

清代官式建筑的平面几乎全是纵长横窄的长方形，柱子排列规整，很少采用减柱造。清代官式建筑平面不再像以前先定面阔、进深的尺寸，而是按照斗拱的攒数定面阔和进深的尺寸。这一点在山陕会馆中产生了变化，很多建筑采用了减柱造和移柱造，并且这样的做法出现在山陕会馆的主要建筑中，例如大殿、拜殿等。例如，社旗的大拜殿将明间金柱向墙隅移去，大座殿将明间金柱减去，以通长的大柁承重。洛阳潞泽会馆的戏楼则减去了次间的金柱，大殿减去明间金柱。另外，戏楼通常采用四柱三开间的形式，为了唱戏和观戏的需要，戏楼平面呈凸字形，即将前牌檐柱的中间两个柱子向前移出，或者采用减柱造的做法，将前金柱的中间两根减去。在第二层平面上，为了方便演出，通常省去前排中间的两根中柱。山门和戏台合建、拜殿和座殿合建的做法，更是大量采用勾连搭的形式。

这样采用减柱造或移柱造以及勾连搭的形式，有几方面的原因。首先是功能的需求，山陕会馆往往集合了大量的商人和前来祭拜、观演的百姓，需要面积大而开阔的室内空间。勾连搭的形式将几座建筑连在一起，构成巨大的平面，减柱造与移柱造可以减少柱子对空间使用的干扰，获得更为开敞的空间。其次是场地的限制，前面说到很多山陕会馆是在宅、庙的基础上加建而成的，在现有的用地基础上创造更大体量的建筑，采用这样的做法是比较好的处理手法。再者是经济原因，虽然山陕商人经济实力雄厚，但远不及官式建筑建造的成本资金，勾连搭、减柱造和移柱造的建筑形式正是民间匠人们在省工、省

料、省资金的前提下充分发挥建造智慧的策略与方法。

5.3.4.2　建筑构造的标志性表现在斗拱的运用上

斗拱是山陕会馆构造中最有标志性的构件。一般的山陕会馆是有斗拱的大式大木作。清朝《工程做法则例》中对斗拱做了明确的要求，限制民居中斗拱的应用，而山陕会馆借助关帝庙突破了这个限制。

在关帝庙中，斗拱的运用随处可见。例如，在解州关帝庙中，牌坊和春秋阁上的斗拱精美绝伦，斗、拱、昂、瓜柱等都属于官式建筑的做法，山陕会馆继承了这些做法，不过在处理上更富有标志性（图 5-15、图 5-16）。

图 5-15　解州关帝庙斗拱

图 5-16　解州关帝庙牌坊上的斗拱

5.3.4.3　建筑构造的规范性表现在梁、架、柱的结合上

在清代官式建筑的梁、架柱结构上，有这样一些变化。首先，建筑构造用材的比例发生变化，清代官式建筑檐柱柱径与柱高的比例发生变化，大比例一律为 1 ： 10，柱身比例变细长了。山陕会馆则多大于官式建筑的规定，例如社旗山陕会馆的柱径与柱高比均在 1 ： 10 以上，其中马王殿与药王殿达到 1 ： 17.86。另外，梁用材随时间的发展，截面比例尺度有由细变粗的过程，在唐代，构造梁的截面高宽比多为 2 ： 1，宋代则为 3 ： 2，在清代官式建筑梁中，截面高宽比达到了 10 ： 8 或 12 ： 10，并出现包镶法，在朱仙镇关帝庙中，梁的尺度也符合这一比例（图 5-17）。其次，在清代，内檐各节点斗拱

减少，梁架与柱直接卯合，将各构架直接架于梁头，这是其在简化结构上的进步。再次，清代官式建筑梁架节点几乎全用瓜柱，很少用驼峰，基本不用叉手与托脚，例如自贡西秦会馆的大殿之前的卷棚结构。当然，这些规则也不是绝对的，还有一些建筑在结构上加以变化，例如在周口关帝庙建筑中，在大梁与柱之间有功能类似于叉手，而结构形式又类似于斗拱的构件，起到了结构稳固的作用，又带有装饰性（图 5-18）。最后，清代官式建筑的一些特点在山陕会馆的结构体系中均有所体现。山陕会馆遍布全国各地，但是建筑大部分遵从山西、陕西建筑形制，属于北方结构体系，以抬梁式为主。

图 5-17　周口关帝庙梁架内景

图 5-18　朱仙镇关帝庙梁架内景

5.3.4.4　建筑构造的实用性表现在构造设计上

在构造设计上，一方面满足建筑功能需求，另一方面满足美观需要，山陕会馆的构造设计可谓独具匠心。例如，在建筑的排水设计上，自贡西秦会馆别具一格，在大殿之前设卷棚，卷棚与大殿之间为抱厦。而整个抱厦相当于一座石拱桥架在水池之上。这样新颖的设计方式，不但使庭院空间更加丰富，而且解决了多个方向屋顶排水的困难，更重要的是聚水即聚财，对于山陕商人有更重要的意义。

在院落排水构造的处理上，社旗山陕会馆也有不同的做法。在大拜殿和大座殿之间，虽然建筑有结构上的勾搭连接，但是长期的雨水冲刷也会造成不小的荷载。社旗山陕会馆在中间设天井，并在门洞上搭披檐，使得水能够顺利通过披檐流到天井的水池当中，同样创造了丰富的庭院空间，并为建筑内部的通风采光等方面提供了有利条件。

5.3.4.5 建筑构造的多样性表现在材料的使用上

建筑材料是组成建筑的物质基础，同时也是表现建筑形象的物质载体。在山陕会馆中，山陕商人凭借这些物质载体，通过一定的构造方式，造就出色彩纷呈、千姿百态的山陕会馆。在山陕会馆中材料的运用具有多样性。首先，根据不同的承重需要，构件采用不同的建筑材料。例如，在戏台之下的承重柱多为石材，承受上部表演所需要的较大荷载，而戏台的上部多为木柱，用来减少戏台的自重。也有一些体量更大的戏台上下均用石柱，如社旗山陕会馆悬鉴楼。在木柱中，根据不同的承重需要和装饰需要，木材的种类多种多样。由于在明清时期，山西、陕西两地的雕刻艺术已经非常成熟，其中，山西的砖石雕刻在唐代时期的基础上又进一步发展，而山西的民间雕刻艺术也在全国范围内处于领先地位，是北方建筑雕刻艺术的代表。再加上山西、陕西两地商人强大的经济实力、活跃的思维、高雅的审美，非承重的结构构件成为雕刻艺术的重要载体，在后面章节对于山陕会馆的装饰和细部将重点分析。

5.3.4.6 建筑构造的装饰性表现在结构构件的装饰化上

从明朝到清朝，建筑各个层面的构件都从单纯结构化慢慢走向装饰化，并将这种装饰化推向极致。在山陕会馆建筑中，清朝建筑构件的装饰化体现得尤为明显，这与山陕商人雄厚的经济实力和极力彰显身份地位的心理是分不开的。从开封山陕会馆大殿转角和结构构件的装饰化就可以看出来，这一点也受到了关帝庙的影响。在关帝庙中，这种结构构件装饰化的特点表现得很明显，例如在开封山陕会馆的大殿结构构架上，斗拱基本消失，并设有几层雕刻精美的枋，在转角结构装饰上更为华丽，枋与柱搭接处都出头，上面的雕刻以龙为主题，色泽鲜艳，龙身一般镶金。这种做法与周口关帝庙大殿转角处的做法如出一辙，特别是方形枋出头的形式极为相似，只是在装饰的主题上有所不同，开封山陕甘会馆的雕刻主题以龙为主，而周口关帝庙中的雕刻主题以植物纹饰为主。

5.3.5 关帝庙、山陕会馆的装饰手法

山陕会馆建筑在所有的会馆建筑中是规模最大的，同时细部装饰最为丰富。首先，山西、陕西商帮的经济地位和政治地位决定了建筑的级别。其次，山西、陕西有大量的建筑材料供应，成为全国建筑材料的供出地。最后，山西和陕西有大批手艺精湛的匠人。这些建筑艺术随着山陕会馆的广泛建立而传播到全国各地。因此，山陕会馆成为古代建筑技艺集中体现的建筑类型。山陕会馆的装饰和细部受到关帝庙的影响，传承和发扬了关帝庙的装饰与细节，并加上了山西、陕西两地的地域文化与商人的身份、心理、行为特征，这些装饰细部的巧妙、精致、丰富程度令现代的艺匠都可望而不可即（图 5-19～图 5-21）。

图 5-19　开封山陕甘会馆大殿转角

图 5-20　开封山陕甘会馆结构构件装饰化

图 5-21　周口关帝庙大殿转角构造

5.3.5.1　动物装饰

吉祥图案是中国传统建筑中广泛运用的装饰要素之一，主要围绕福、禄、寿、喜及其他吉祥寓意主题，而动物装饰又是吉祥图案中运用较为广泛的种类。这些动物包含真实存在的动物，包括蝙蝠、山雀、鹭鸶、喜鹊、狮子、梅花鹿等，还包括龙、凤、麒麟等传说中的动物。还有很多雕刻题材将动物与其他物品或者植物相结合，如“狮子滚绣球”“麒麟梅花鹿”“鹭鸶荷花”“山雀玉兰”等（图 5-22～5-24）。

山陕会馆中大部分现实存在的动物题材与其他宫殿建筑和民居建筑类似，例如颇有地位的民居建筑前也摆放石狮，另外，很多题材为民间广为流传的寓意吉祥的动物，如喜鹊等。而山陕会馆中也有独特的动物题材，例如石雕“二龙戏珠”在宫殿建筑中极为常见。这一主题也出现在山陕会馆的照壁上，例如在社旗山陕会馆和开封山陕甘会馆的照壁上，虽然两者的雕刻在材质和形式上有所差别，但是在“二龙戏珠”这一主题的表现上完全一致：同为两条龙首尾相连，互成 180° 轴线镜像，共戏一只蜘蛛，有别于一般的“二龙戏珠”图案。不同的是，社旗山陕会馆照壁上的蜘蛛更为具象，而开封山陕会馆照壁上的蜘蛛经过艺术抽象的处理。

图 5-22　解州关帝庙挑角兽和吻兽组图（1）

图 5-23　解州关帝庙挑角兽和吻兽组图（2）

图 5-24　解州关帝庙挑角兽和吻兽组图（3）

5.3.5.2 植物装饰

植物也是山陕会馆装饰的主要题材之一，这些植物装饰与其他中国传统建筑的植物装饰没有明显不同的地方，只是在取材范围上更加广泛，比一般的府邸和宅院的植物装饰更为丰富和多样。首先，山陕会馆和关帝庙的植物装饰大多以连续重复的形式出现在跨度较长的建筑构件上，如屋脊、额枋等，并且这些装饰的重复将较长的跨度分为若干等分，如在解州关帝庙的屋脊上就出现了重复的三朵菊花和将它们连接起来的形态相同的卷草。这些卷草在形态上大致相同，但是由于不是现代工业的批量生产，而是古代匠人的亲手雕刻，卷草花纹之间小有区别，使即使重复的花纹也不显得枯燥和乏味（图 5-25）。

图 5-25　开封山陕甘会馆木雕葡萄

5.3.5.3 人物装饰

其实，人物装饰在中国古代建筑装饰艺术中也较为常见，一般以人物群体描绘出情节和场景。而孤立的人物题材是关帝庙与山陕会馆建筑的一大特色。在解州关帝庙的主要建筑挑角上基本都有独立的人物雕刻，这些雕刻的人物一般坐在戗脊的端部，靠近檐角，服装华丽，神态怡然，目视远方，动作丰富。与檐角龙头配合在一起，仿佛身坐船头，扬帆远航。这些人物雕刻也出现在一些山陕会馆的建筑屋顶当中，成为山陕会馆的标志性装饰题材（图 5-26）。

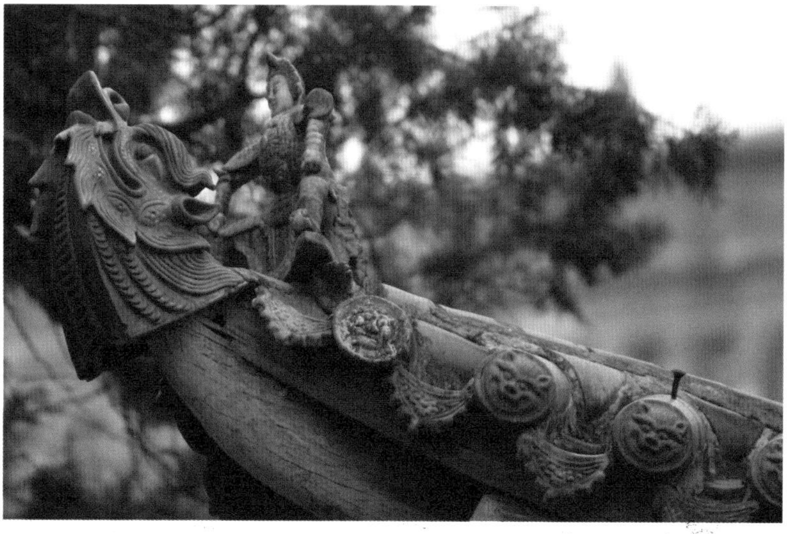

图 5-26　解州关帝庙的挑角戏曲人物

5.3.5.4　情节装饰

这里说的情节装饰主要指由多个元素组合成具有情节感或者形成场面的复杂装饰。出现情节装饰的地方多种多样，包括山门上的砖雕或石雕，以及戏楼额枋上的木雕。这些题材主要以多个人为主题，并配合有场景画面感的其他生活物品和自然界物体。情节装饰的具体内容丰富多样，有的是神话故事，例如，在社旗山陕会馆的大拜殿和大座殿檐下就有丰富的木雕，描绘的是“西游记”“封神榜”“八仙过海”中的画面。还有一些是历史典故，以真实的历史典故为装饰题材也是山陕会馆建筑中最为常见的形式，在这一点上完全继承了关帝庙建筑的装饰题材，主要是因为山陕会馆建筑传承了关帝庙祭拜关公的功能。所以，在山陕会馆历史典故装饰题材中，以三国故事居多，主要通过描绘关羽生前的英雄事迹歌颂关公的品德和情操（图 5-27）。

图 5-27　亳州关帝庙三国故事雕刻

5.3.5.5　文字装饰

文字装饰也是中国古代建筑装饰中较为常见的题材。首先，这一题材常见的形式为牌匾和对联，在山陕会馆中也不例外，在牌匾、对联上常常有歌颂关公的词句，这也是山陕会馆和关帝庙具有特色的装饰题材。例如，开封山陕甘会馆戏楼南立面入口两侧的柱上刻着“浩然之气塞天地，忠义之行澈古今”的楹联，是歌颂关公一身忠义之气的词句。而社旗山陕会馆更是有大量歌颂关公的匾额，大拜殿、大座殿顶是匾额集中的悬挂之地，殿顶悬挂有三十余块，层叠排列。匾额内容以颂关公为主，走进大拜殿，仰脸便见正门内殿顶的“三国一人”匾额，依次上悬“光明正大”“英灵显著”“英文雄武”“浩然正气”等匾。其次，除了这些诗词歌赋，山陕会馆中较为有特色的是碑刻，这些碑刻记录了捐献钱财建造会馆的商人的名字，既起到记录的作用，又能装饰庭院的墙壁。其实，这一特色也是从关帝庙传承下来的，在周口关帝庙的柱础上也刻有记录关帝庙修建情况的字样，成为独特的柱础装饰（图 5-28）。

图 5-28　周口关帝庙刻字装饰

5.3.6　关帝庙、山陕会馆的细部特征

5.3.6.1　石材：柱础、石牌坊、石狮、月台、望柱等

石材在中国古代建筑中，用途最广泛的是地面铺设、墙体加固、柱体加固以及纯装饰的石雕艺术品，具体说来主要集中在柱础、月台、栏板、望柱、牌坊以及墙体露明的石料上，也有纯石雕艺术品，如石狮、石麒麟等。

柱础是石雕艺术表现最为集中的建筑部位。山陕会馆落地的所有柱都有石柱础，其造型丰富多样，多数采用磉墩，有单层、双层或三层不同磉墩石础，每层线雕、浮雕或圆雕丰富的装饰题材，是会馆石雕艺术的集中体现。从外观形态来看，柱础分为几种形式：一是基本几何形柱础，这种柱础平面基本为正方形或者圆形，例如社旗山陕会馆悬鉴楼柱础整体为正方形，整体从上到下分为两层，上层为鼓形，浮雕吉祥花鸟、动物及吉祥物等花纹，下为须弥座，座上四角圆雕英招、麒麟等兽，柱础下层的须弥座四面高浮雕“八爱图”及“二十四孝图”等。这种柱础受力最为合理，最为经济实用。二是正多面雕刻柱础，最为典型和华丽的是洛阳潞泽会馆正殿的正面檐柱础，柱础分三段，最低层次为覆盆，较为低矮，十二面，浅浮雕飞鸟图，重复刻着燕子、蝴蝶等形象，中间部分是柱础的主体部分，半圆雕走兽图，狮、虎、鹿、象分别从案下不同方位钻出，形态各异，上层深浮雕和透雕盘龙图，整个柱础主体部分为六面雕刻，受力也较为合理，工艺更为讲究。三是整体圆雕柱础，这样的柱础一般体量较大，同样分为上中下三层，下层为长方形基座，中层为主体部分，为整体圆雕瑞兽，如自贡西秦会馆柱础，兽体蹲坐，上层为鼓形基座，置于瑞兽后背之上，这类柱础更为华丽，比起前两种柱础，具有方向性，虽受力并不十分合理，但是具有极强的标志性和装饰性，一般置于周围没有围护结构的半开敞空间中的柱体下。

5.3.6.2 木料：木雕、木牌坊、藻井等

中国古代建筑主体结构以木构为主，古代匠人对木料的把握当然也最为熟悉和全面。除了主体结构以外，山陕会馆中还有一些精美的细部设计也用木料完成。

木雕艺术由于材料的可塑性和操作性高于其他材料，形成的雕刻成果也最为丰富多变。从木雕的构思到最后的雕刻手法均能完全体现高超的雕刻艺术。在解州关帝庙中额枋上的绳串起麒麟的整体雕刻与开封山陕甘会馆大殿上的整体植物木雕，雕刻的构思如出一辙，都是通过多种雕刻对象的互相串联形成整体雕刻艺术。这种构思上的突破也成就了山陕会馆精美的木雕细部。

5.3.6.3 砖艺：砖雕、砖砌等

建筑中砖的运用分为两部分，一部分为建筑布局装饰雕刻，另一部分是基本围护结构的使用。在清朝，砖雕艺术进入全面发展时期，而北方砖雕源于山西。山陕会馆中的砖雕更是体现了山西砖雕的独特艺术风格。砖雕主要分布在照壁、硬山建筑的墀头和建筑脊饰上。砖雕技法有浮雕、透雕、圆雕和多层雕等多种。在亳州关帝庙，山门与钟鼓楼连成一体，在平齐的大型墙面上，标有“钟楼”“鼓楼”石雕

刻字，四周刻有大型砖雕，这些装饰用砖雕刻出立体、生动的自然环境、社会环境和人物，使得整个墙面既有秩序，主次分明，又有精美的细节（图 5-29）。开封山陕甘会馆的照壁集中了山陕会馆最出色的青砖石雕，整个照壁雕刻的思路比较特别，檐桁以下全部用砖雕仿木结构，这一手法具有独创性。另外，山陕会馆墀头上的砖雕形式也十分常见。

图 5-29　亳州关帝庙鼓楼砖雕

5.3.6.4　铁艺：霄汉铁旗杆、香炉、铁铸雕塑等

铁材料在中国古代建筑中主要运用在生活用品和工具方面，而在建筑中并不多见。不过，在山陕会馆中，铁艺构件意义非凡。一方面，由于山陕会馆从关帝庙传承下来的祭拜功能，香炉成为必不可少的建筑细部；另一方面，山陕商人用霄汉铁旗杆进一步彰显建筑的气势。另外还有一些用铁材料铸造的雕塑。

在关帝庙前常常会有旗杆的设立，周口关帝庙铁旗杆高约 21.85 米，上下分三节精工铸造，四条铁龙上下盘绕，二十四只风铎悬挂在六节方凌斗之下。山陕会馆继承了这一点，所以在山门前往往设有铁旗杆一对，并且旗杆形式更为精致。例如社旗山陕会馆的铁旗杆，高约 17.6 米，下部杆体直径为 0.24 米。下为青石须弥座，上卧铁铸造狮兽，旗杆自铁狮背插入基座（图 5-30）。大部分山陕会馆都有铁旗杆，这主要是因为秦巴山有丰富的铁矿资源，使得陕西的冶铁业自清朝以来有长足发展，清朝陕西是全国主要的冶铁铸造中心。铁旗杆这一形式，一方面从物质层面展现了清朝陕西精湛的铁器铸造技艺，并从旗杆的整体高度和长细比例上丰富了建筑外立面；另一方面，从文化层面反映了秦晋商人的乡土文化和客居心理，将铁铸造技术和装饰艺术及楹联文化结合起来，是技术、艺术、文化完美结合的体现。

图 5-30　社旗山陕会馆铁旗杆基座

5.3.6.5　琉璃：瓦、瓦当、吻兽、宝鼎等

琉璃使用量最大的中国古代建筑是宫殿建筑，在一般的民居中鲜有琉璃的出现。在明清时期，山西地区建筑中使用的琉璃瓦和琉璃脊饰在全国享有盛名，大量建筑用琉璃制品被贩卖到全国各地。特别是这种材质得到了统治阶级的青睐，在宫殿建筑中广泛地运用开来，山西成为宫殿建筑中琉璃饰品的供应基地。作为山西商人异地的建筑，当然也大量地运用了琉璃。例如开封山陕会馆的建造者大量采用琉璃瓦饰技术，将山西琉璃饰品大量运用到屋顶、屋脊和照壁的装饰上。琉璃的建筑装饰让人通过山陕会馆联想起宫廷建筑，产生更加金碧辉煌、富丽堂皇的感觉（图 5-31）。

图 5-31　开封山陕甘会馆屋脊装饰层次

5.4　关帝庙、山陕会馆建筑实例分析

5.4.1　安徽亳州关帝庙

安徽亳州关帝庙俗称花戏楼，又名山陕会馆，为全国重点文物保护单位（图 5-32）。

图 5-32　亳州关帝庙

5.4.1.1 历史沿革

安徽亳州关帝庙位于亳州城北关涡水南岸，整个建筑为山西商人王璧、陕西商人朱孔领发起筹建，始建于清顺治十三年（1656年），后于康熙十五年（1676年）建立戏楼。从亳州关帝庙的建造历史可以看出，该关帝庙是两位山陕商人为了突破社会对建筑的种种限制，以关帝庙的名义建造的山陕会馆。

5.4.1.2 平面布局

亳州关帝庙分为戏楼、钟楼、鼓楼、座楼和关帝大殿五个部分。山门前有大片空地广场，山门为三层牌坊式仿木结构建筑，与两边的钟、鼓楼形成整体。建筑只有一进院落，庭院为观看戏楼表演的场地。亳州关帝庙的建筑精髓在于花戏楼，所以民间以花戏楼来称呼整个建筑群体。换句话说，亳州关帝庙也是一座古代戏院。这座花戏楼在亳州地区享誉盛名，充分说明了这座建筑虽是以“关帝庙”为名，而实际上祭拜功能是其次，花戏楼里的娱神、娱商、娱民的表演才是建造这组建筑的主要目的，这充分反映了从关帝庙到山陕会馆的演化过程中，建筑的主要功能产生了变化（图 5-33）。

图 5-33 亳州关帝庙戏台

5.4.2 河南社旗山陕会馆

河南社旗山陕会馆，又名关公祠、山陕庙。在所有的会馆中，被业内专家誉为“辉煌壮丽，天下第一”。1988 年 1 月，社旗山陕会馆被国务院公布为第三批全国重点文物保护单位，在全国现存同类建筑中属于首家。

5.4.2.1 历史沿革

社旗原名赊旗，水陆交通发达，商人云集，是南北九省过往要道和货物集散地。清乾隆年间，为四大名镇之一[1]。该会馆始建于清乾隆二十一年（1756年），是居于此地的山陕两省商人集资兴建的同乡会馆，经嘉庆、道光、咸丰、同治到光绪十八年（1892年）完全竣工，历时6代皇帝共136年。建成后的山陕会馆坐北朝南，南对最繁华的瓷器街，北靠五魁场街，东邻永庆街，西伴绿布场街，居于赊旗镇的闹市中心。后来赊旗镇被周恩来总理更名为“社旗镇”，寓意为“社会主义的一面旗帜”。如今，社旗镇已经失去了当时全国商业贸易中的重要地位，但是这一宏伟的建筑群记录了社旗镇辉煌商业的历史。

5.4.2.2 平面布局

社旗山陕会馆的主体建筑呈前窄后宽形态，东西宽62米，南北长156米，建筑面积6235.196平方米，现存建筑152间。整体建筑分前、中、后三进院落，位于中轴线上的建筑有琉璃照壁、悬鉴楼、石牌坊、大拜殿、大座殿、春秋楼。两侧建筑有木旗杆、铁旗杆、东西辕门、东西马厩、钟鼓楼、东西看廊、腰楼、马王殿、药王殿、道坊院等（图5-34）。其中，春秋楼及其附属建筑于咸丰七年被焚。

社旗山陕会馆周边的街市格局得到了很好的保存，说明当时社旗山陕会馆在城镇中的规划、选址具有前瞻性。社旗山陕会馆处于用地紧张的闹市，一反中国传统建筑特别是民用传统建筑的横向铺展，而是在有限的地形上建立了庞大的建筑体量，却不显丝毫的拥挤，还创造了传说可容纳10000人同时观看演出的“万人庭院”，这充分说明社旗山陕会馆在建筑布局设计上的独具匠心。其中，铁旗杆、大拜殿、大座殿的布局充分显示了建筑受到关帝庙的影响至深（图5-35）。

---

1 四大名镇为朱仙镇、赊旗镇、回郭镇、荆紫关镇。

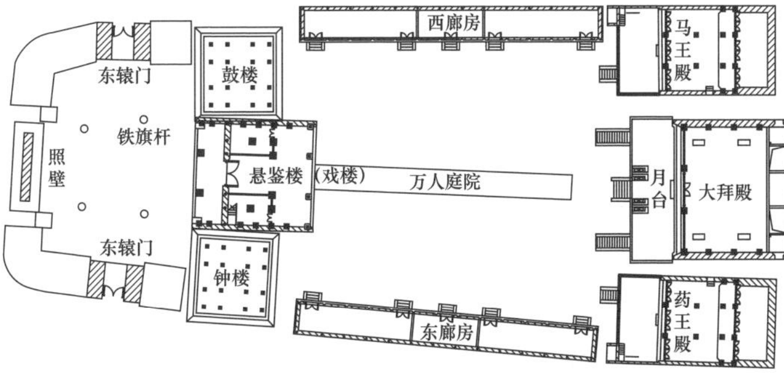

图 5-34　河南社旗山陕会馆平面图

图 5-35　社旗山陕会馆的“万人庭院”

6 广东会馆

6.1 广东会馆与粤商文化

6.1.1 粤商的兴盛及其原因

粤商的起源能够追溯到秦汉时期，早在汉朝，广东地区就与内陆有贸易往来。桓宽的《盐铁论》中就有关于内陆商人运蜀郡的货物到南海交换珠玑等商品的记载[1]。从汉朝起至隋唐，再到宋元时期，随着穿越南岭的各条南北通道被陆续发现和开凿，以及大航海技术的发展进步，广东地区的对外贸易以及粤商都进入了快速发展期。

粤商在明清时期持续兴盛，这主要得益于山水地理、海陆变迁和地缘政治三个因素。凭借着广东地区背南岭、拥珠江、面南海的地理位置条件，再加上广州城和大湾区海陆地理条件的变迁，以及“一口通商”政策下广州的稳定发展，粤商在广东地区持续兴盛，商品贸易经济持续繁荣发展，在全国各大商帮中较早地与外国商人进行贸易往来。这些都使得粤商有着与中国其他商帮非常不同的鲜明特点。

粤商主要由广州商人、潮州商人和客家商人所组成，他们的商业活动足迹相当广阔，遍及两广地区和全国大部分区域，海外多地也在其商业贸易的版图里。按照商业活动的范围区域可将粤商分为三类：主要从事海外贸易的海商，从事中外之间贸易的行商（牙行商人、十三行行商和买办商人等）和国内中长途贩运批发商。

6.1.1.1 山水地理因素——广东背南岭、拥珠江、面南海的地理位置条件

广东位于中国大陆最南部，背靠北边的南岭，境内坐拥珠江，南面是漫长的海岸线，敞开面对祖国的南海，整体地势为北边高，并逐

1 王琛．明清时期陕商与粤商的比较及其现代启示 [D]．西安：西北大学，2008.

渐向南部沿海地区降低。从秦汉早期开始，“南岭”一词是对湘桂赣粤相连片区群山的总称。其中“五岭”是南岭里的代表性山脉，分别为越城岭、都庞岭、萌渚岭、骑田岭和大庾岭，后来以之泛称其所在的南岭。南岭是长江水系与珠江水系的分水岭。珠江水系横贯广东地区，珠江水系的主要三条河流——西江、北江和东江可以构成一个遍布广东大部分地区的水路运输体系，这在以河流运输为主的古代，是一个非常适合地区发展的基础交通条件。

从地理位置上看，广东属于岭南地区，处于中国的南方边缘地带。在以农业生产、陆路交通为主的长期历史发展中，岭南并不具备中原地区优越的生产和生活条件。然而，正因为岭南地区远离中原且条件恶劣，才不会受到封建王朝的特别重视，管控也相对宽松，反而成为中原移民远涉求生的地区。并且广东北部虽然有南岭的阻隔，山川险峻，水路不通，但是大自然的无心馈赠和拥有智慧的古人还是在茫茫山脉之中寻找和开辟出了数条穿越南岭的陆路通道。比较重要的有梅关古道、乌迳古道、西京古道、湘桂走廊和潇贺古道等。这五条主要的古通道跨越了南岭山脉的阻隔，连通了珠江水系与长江水系，为古代中国岭南与中原地区之间的经济文化交流发挥了至关重要的作用。沿着这些通道，很多中原移民源源不断地来到岭南，开垦广东，使得广东成为吸收和融合不同文化元素的多元化地区。

综上所述，有了可以穿越南岭、从中原而来源源不断的移民，还有境内发达便捷的内河运输体系，再加上广东地区南临沿海地带、海岸线漫长，便于对外进行文化交流与贸易往来。这三个因素的叠加综合，促使广东社会经济文化的发展与兴盛成为一种必然的历史趋势。

6.1.1.2 海陆变迁因素——广州城及大湾区海陆地理条件的变迁

珠江水系入海的珠江口，就是现在粤港澳大湾区的位置。珠江口和大湾区的形态在数千年间并不是一成不变的，而是随着珠江水系带来的泥沙沉积而不断发生着变化。其中，毗邻珠江口的广州城，其城市形态发生的演变更为显著。

早期的大湾区可以说是一片很大的内海湾，广州城直接面朝海洋，而不是珠江。随着珠江内河裹挟而来的泥沙沉积，大湾区内海湾里开始逐渐堆积形成众多沙岛，内海湾的面积大幅度减少。而当今地图上，内海湾的沙岛已经连成了陆地，广州城也不再是临海城市，而变成了内河城市。

透过这一变迁规律，可以分析出后来明清海禁时期，朝廷选择广州作为唯一通商口岸的大致原因，因为葫芦形的内海湾非常适合往来贸易的大型商船停靠。正是由于广州在明清时期处于大湾区登临内陆地区的交汇点，才会被赋予这样的历史重任。如果明清时期的广州是当今这样的地貌，那它未必会被选作一口通商的口岸。后来唯一通商的广州，不仅改变了中国内陆南北水运交通的格局，也为沿海开埠，香港与澳门的外租埋下历史车轮的伏笔。

6.1.1.3 地缘政治因素——粤商在广州“一口通商”政策下的持续兴盛

汉朝时，广州成为中国最大的外贸港口之一。《汉书·地理志》中记载汉朝使者携带大量的黄金丝织品从番禺（今广州）起航，出珠江口，沿着南海北岸西行，经徐闻、合浦南下，过马六甲海峡，进印度洋、印度半岛南部海域，到达斯里兰卡，这是中国现知最为古老的一条海上丝绸之路航线。两晋、南北朝时期，由于政权的更迭，陆上丝绸之路经常停闭，晋朝政府重视海上对外贸易，由广州出发的“海上丝绸之路”成为中西方贸易的主要途径。唐宋时期，广州是世界性海洋贸易圈东方的中心，保持着极其繁盛的格局，宋神宗熙宁年间（1068—1077 年）已是“城外蕃汉数万家”。元朝的广州仍然是闻名世界的国际大港口，以广州为起点的海上丝绸之路已远达欧洲、非洲。明朝建立后，朝廷只准与有朝贡关系的国家开展“朝贡贸易”，而且是“时禁时开，以禁为主”，严禁商人出海贸易。明永乐四年（1406 年），朝廷在泉州设来远驿，在宁波设安远驿，在广州设怀远驿。嘉靖二年（1523 年），朝廷取消了泉州、宁波的市舶司，只留下广州市舶司，几乎所有国家和地区的“番货皆由广入贡，因而贸易，互为市利焉”。广州成为当时中国对外贸易的中心[1]。

清朝统一台湾、平定三藩之乱后，康熙二十三年（1684年）停止禁海，1685年清政府设立粤、江、浙、闽4个海关，负责管理对外贸易和征收关税。乾隆二十二年（1757年）清政府封闭江、浙、闽3个海关，规定“番商将来只许在广东收泊贸易”。也是从这一年开始，广州十三行开始成为清政府指定的全国唯一专营对外贸易的“半官半商”垄断机构，史称“一口通商”。至1842年中英签订《南京条约》时止，广州独揽中国外贸长达85年。之后，国内多个沿海城市作为通商港口，但是广州商业文化的开放地位仍然突出，成为外国经济贸易、文化信息传入中国大陆的桥头堡和交会点[2]。一口通商使广州和粤商获得了得天独厚的机遇和持续稳定的发展。

6.1.2 粤商文化分析和神祇信仰

粤商文化包括物质文化和精神文化。物质文化的主要代表为具有典型建筑特色的会馆建筑实体，其不仅表现在建筑整体的空间层次和布局特征上，还包括其建筑与构造、装饰与细部，可以说就是会馆建筑实体所蕴含的建筑风格与风貌。

精神文化既包括粤商在经商和移民过程中所展现出来的敢为人先的商业经营理念、淡定自若的为人处世态度，还有以会馆为阵地举行的各种祭祀礼仪活动、民俗文化活动，还包括在会馆建筑内供奉的故土神灵以及共同信奉的神祇信仰。

广东会馆建筑不仅是粤商日常生活和经商办公的实体功能空间，还是承载粤商共同神祇信仰的礼仪精神空间。广东会馆的神祇信仰具有同一性、地域性和多神性三大特征。如全国大部分的广东会馆内都供奉“武财神”——关公（图6-1）。再如，明清时期沿海运北上的粤商中很大一部分是潮州商人，潮州紧挨着福建，其民间也非常信仰天后妈祖，于是在东部沿海地区的很多广东会馆中，都供奉着天后妈祖

---

1 相关信息主要参考广州锦纶会馆内有关广州贸易历史的展览资料。

2 谭建光．粤商发展历史简论 [J]．广东商学院学报，2007，(6)：42-45.

像（图 6-2）。这都是广东会馆神祇信仰同一性的体现。其地域性主要表现在川渝地区，在川渝地区的广东会馆大多用“南华宫”命名，之所以用“南华宫”来命名，是因为“南华宫以南华山得名，六祖慧能之道场也”。粤商及广东移民供奉六祖慧能像，且以南华宫作为会馆的名称，正说明是以家乡先贤为纽带来联络乡情，加强自身的凝聚力（图 6-3）。在广东会馆建筑内，其神祇信仰还具有多神性的特征，即一座广东会馆建筑内供奉不止一个神灵。

图 6-1　百色粤东会馆的关公像

图 6-2　梧州粤东会馆的天后像

图 6-3　六祖慧能雕像

6.1.3　广东会馆的兴起

随着粤商经营活动的不断发展，粤商商帮开始在全国范围内流动，并持续扩大其经商的地域范围，随之带来的就是广东会馆的兴起。广东会馆是指广东籍商人在异地建立的会馆组织，既包括在广东省内除了自己家乡以外的市和县建立的会馆，也包括广东商人在广东以外的省份和地区建立的会馆。

最初，伴随着粤商经营活动的展开，广东会馆作为在异地经营商业的重要活动场所被粤商逐渐建立起来。于是，起初的广东会馆通常为纯粹的商业会馆性质。

例如始建于清雍正元年（1723 年）的广州锦纶会馆，是清代广州丝织行业行会的所在地，保留至今。明清以来，以广州为中心的丝绸对外贸易空前繁荣，成为最大宗的商品之一，当时出口到世界各地的丝织商品除了来自江南一带，还有产自以广州为中心的珠三角地区。锦纶会馆作为清代广州丝织行业商人议事和活动的场所，不仅是粤商与广东会馆之间的直接联系，也是广州丝织行业发展的历史见证（图 6-4）。

图 6-4 广州锦纶会馆头门正立面

再比如与广东接壤的广西梧州，是桂江和浔江汇合成西江的交汇点，不仅是明清时期广西与广东交流的总出入口，也是当时两广贸易的中转站和集散地。历史古籍中也有关于梧州重要地理位置的描述："梧州粤西一大都会也，居五岭之中，开八桂之户，三江襟带、众水湾环，百粤咽喉，通衢四达，间气凝结，人物繁兴，形胜甲于他郡。"[1] 这也使得梧州成为粤商重要的经营地和深入广西内陆继续拓展分散的桥头堡。

粤商于清康熙五十三年（1714 年）在现今的梧州龙圩区（古称戎墟[2]）建立了粤东会馆，乾隆五十三年（1788 年）重建。会馆内保存完好的《重建粤东会馆碑记》中就明确记录了粤商来到此地经商以及建立这座会馆的情景。

1 ［清］乾隆《梧州府志》，《故宫珍本丛刊》第 201 册，第 6 页，海南出版社，2001 年 .

2 戎墟即今广西梧州市龙圩区所在位置。《清一统志・梧州府》中记载，戎墟镇"即故戎城县治。距县（编者注：今梧州市）十五里。宋熙宁四年省入苍梧，即今地。本朝嘉庆十三年移同知驻此"。

6.1.4 粤商文化影响下广东会馆的发展与流变

商品经济的发展，自然就带动了广东当地文化的繁荣，粤商开始兴学重教，希望通过读书应试、考取功名来改变自己和宗族的社会地位。在明清时期的北京，各省商人和相关人士修建了以省籍为区分的各类试子会馆，通过收取一定的费用，为来自家乡、前来进京赶考的学子们提供住宿和休息的场所。其中，粤商在北京就兴建了很多试子会馆。据历史文献显示，光绪年间北京的广东会馆共计 34 所[1]。

明清时期，广东的社会经济得到了迅猛发展，但珠江三角洲的耕地面积较少，现有的自然地理环境承载不了日益增长的人口，再加上粤商商帮的商品贸易活动不断繁盛，也需要开拓更广阔的消费市场。这两方面的因素，促使广东商民在这一时期持续不断地走出广东，去更广阔的地域求生存和发展。移民迁徙在明清时期的广东成为一种流行的社会风气。从广东出发经两湖地区向川渝黔地区的迁移就是当时众多移民路线中的重要一支。于是移民性质的广东会馆在这一时期得到大量建立和发展。如嘉庆《南溪县志》卷三《寺观》记载："天后宫在城南顺城街，即福建会馆；南华宫在城南顺城街，即广东会馆；万寿宫在城南顺城街，即江西会馆；禹王宫在城北水池街，即湖广会馆；荣禄宫在城南锦江门内，即贵州会馆。"[2] 又如乾隆《合州志》卷四《坛庙》记载："南华宫在察院街，即广东会馆，乾隆五十三年重修。"[3] 民国《新繁县志》卷四《风俗》记载，移民"各从其籍而祀之，湖广籍祀禹王，福建籍祀天后，江西籍祀许真君，广东籍祀六祖，陕西籍祀三元"[4]。此类记载在四川各地方志中还可以找到很多。

从会馆建立的背景、动机和性质上看，广东会馆可以被分为工商会馆、试子会馆和移民会馆三类[5]，但是这三种分类通常都会互有交叉。如，北京的广东试子会馆，除了向住宿的同乡考生收取一定的费用之

---

1 ［清］光绪五年《顺天府志》卷十三、十四《坊巷志》.
2 ［清］嘉庆《南溪县志》卷三《寺观》.
3 ［清］乾隆《合州志》卷四《坛庙》.
4 ［民国］《新繁县志》卷四《风俗》.
5 刘正刚. 广东会馆论稿 [M]. 上海：上海古籍出版社，2006.

外，还会将会馆中的一些房产定期出租，并且不断地购入新的房屋，这些都带有明显的商业性质取向。还比如，外省的一些广东会馆，起初是由于移民聚集而兴建的，但是随着移民数量的增多，当地的广东人也要开始进行商品贸易的经营，于是移民性质的广东会馆也开始发挥工商会馆的功能与作用。

完全按照工商、试子和移民的性质来对广东会馆进行区分是不能做到清晰和准确的。从建筑历史学的角度对全国范围内的广东会馆进行总结整理，可以发现，粤商文化主要的几条迁移路线分别会对应到最终粤商落脚的几个大的区域，这也是历史上广东会馆分布最为集中的几大地理区域，并且这些主要路线不是短暂形成的，而是在数百年间，粤商源源不断的迁徙所逐渐形成的持续稳定的迁徙通道。在这些通道上，不仅有人口的流动、商品贸易的往来，还有以建筑风格为代表的粤商物质文化和以神祇信仰为代表的粤商精神文化的输入，这些可以归纳为粤商文化势能的传播。每一条迁移路线对应着一个子类别粤商文化的传播路径，其导致最终输入地的广东会馆风格和类型也有所区别，这样也就产生了不同子类别的广东会馆建筑特色。

6.2 粤商文化的传播路线和广东会馆的分类分布

6.2.1 粤商文化的主要传播路线与广东会馆的“5+X”分类体系

通过结合历史文献资料和前人学者的研究成果，可以总结出粤商文化主要的五条迁徙路线：在广东省内以沿海和珠江水运体系为主路线；通过西江水运体系迁徙到广西；沿着南北中综合迁徙通道到达川渝地区；以内河北上线到达内陆地区；以海上路线到达东部沿海的浙江、江苏、上海、山东、京津地区。

在这五大主要迁徙路线的影响下，又会形成五种不同子分类的广东会馆体系：在广东省内是以广州会馆、潮州会馆、嘉应会馆这样的以广东一些具体地名来命名的广东会馆；在广西地区是以粤东会馆为主；在川渝地区是以南华宫为主；在内河沿线地区是以广东会馆、广州会馆为主；在东部沿海地区是以潮州会馆、广东会馆、两广会馆为主。除了这五大类以外，广东会馆在随着粤商文化的传播过程中，还演变出其他的建筑类型，例如粤商兴建带有教育功能的粤商书院，以及在两广地区西江流域沿线分布的带有祈福和祭祀性质的护龙庙等，这些都可以归纳到广东会馆的演变子分类“*X*”里[1]。这里需要特别说明的是，每一条迁徙路线对应的地域范围内，并不是只有这一子类别的广东会馆，而是这一子类别的数量占据着这一地域范围内所有广东会馆数量的主体。

综上，根据粤商文化的迁移路线这一线索，可以将全国范围内的广东会馆重新定义和归纳成“5+*X*”的分类体系（图 6-5）。

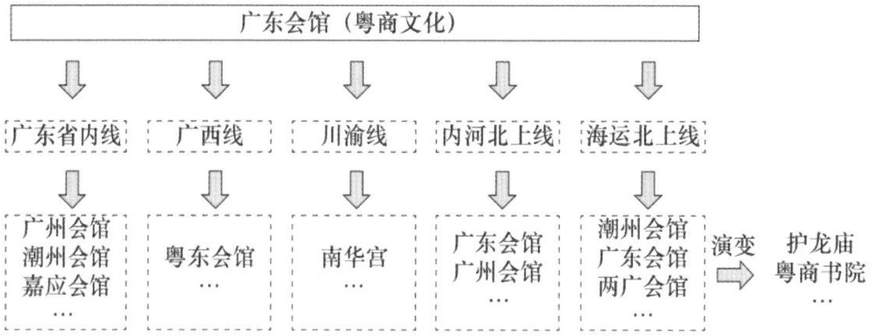

图 6-5　广东会馆的“5+*X*”分类体系

6.2.1.1　以沿海和珠江水运体系为主路线的广东地区：广州会馆、潮州会馆

明清时期的粤商文化在广东省内的传播，就是沿海岸线的海上运输和以珠江水运体系为主的河流运输相结合的路线。归纳刘正刚对于广东境内广东会馆的研究成果[2]，再结合笔者发现的文献资料以及现场调研的情况，共归纳出历史上广东境内的广东会馆为 88 座。

1　由于粤商书院、护龙庙等建筑的主体功能和典型的广东会馆之间已产生了本质上的差别，因此笔者在本课题的研究中并未将这一类建筑划分到广东会馆的定义范围内，只是作为广东会馆演变出的其他一类建筑进行比较研究。

2　刘正刚．广东会馆论稿 [M]．上海：上海古籍出版社，2006.

广东境内的广东会馆呈现出“三点一中心”的分布格局，即中心的广州和粤北、粤西、粤东都呈现出聚集式分布的特点，而其他沿海地区和内陆腹地都是较少的散点分布。中心的广州和西边、东边都属于近海地区，只有北边属于内陆地区，因此广东境内总的广东会馆分布还呈现出沿海比内陆地区数量更多的特征。

对广东境内的广东会馆种类进行梳理，总共88座会馆中，有38个命名不同的子类广东会馆，堪称全国子类数量最多的地区。其中，数量最多的是广州会馆和潮州会馆，各有15座（图6-6）。

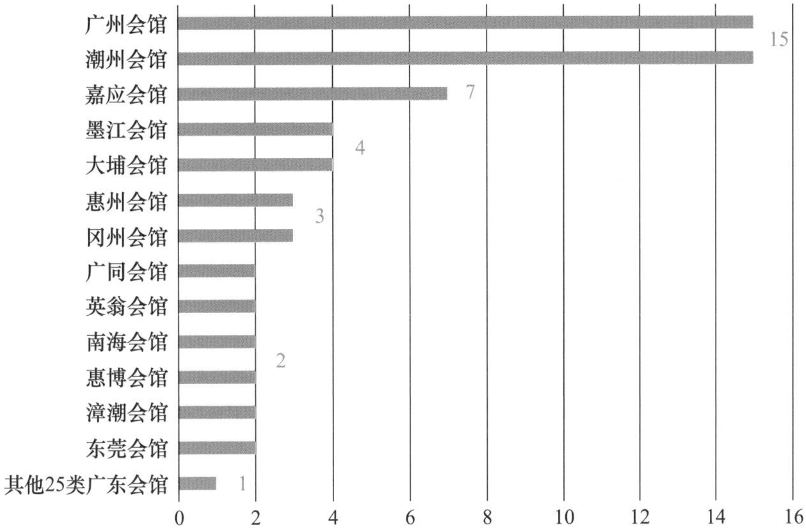

图6-6　广东境内的广东会馆分类统计柱状图

从中还可以看出：

（1）广东商帮中实力最强的是广州帮和潮州帮商人，这里统计的各有15座，仅仅是会馆名称单纯为“广州会馆”和“潮州会馆”的情况，如果要再考虑这两地商人分别与别地商人合建的会馆，则数量会更多，例如广肇会馆、广同会馆、潮惠梅会馆、漳潮会馆等，这也证明了粤商中广州帮和潮州帮两大商人群体力量的强大。

（2）在广东会馆的发源地广东本土，其境内拥有全国最多子分类的广东会馆，这也证明了当时广东各地商人都在广泛经营和发展着商品经济贸易，也表现出广东会馆作为粤商文化的最佳物质载体和传播媒介，在广东境内广泛流传和成立建造。

6.2.1.2 以西江水运体系为主路线的广西地区：粤东会馆

明清时期的粤商，就不断以梧州为进入广西的起点，顺着横贯广西的西江流域所织就的黄金水运体系网，通达广西的各个角落。归纳侯宣杰、刘正刚和黄玥三位学者对于广西境内广东会馆的研究成果[1]，结合笔者发现的文献资料及现场调研情况，共归纳出历史上广西境内的广东会馆为 91 座。

广东会馆在广西境内广泛分布，不仅在距离广东最近的梧州有很多的广东会馆，在广西的西北角百色市隆林县，以及西南角的崇左市龙州县都有分布，显示出粤商文化在广西境内的传播范围之广。

对广西境内各类广东会馆的数量进行统计发现，总共 91 座广东会馆中，粤东会馆有 57 座，占比超过六成，可以说粤东会馆占据了绝对主导地位（图 6-7）。

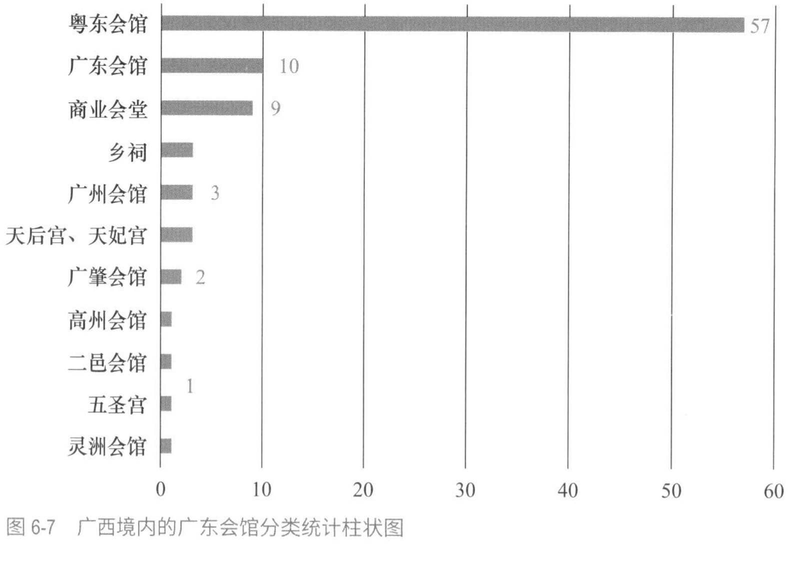

图 6-7 广西境内的广东会馆分类统计柱状图

1 侯宣杰．商人会馆与边疆社会经济的变迁 [D]．桂林：广西师范大学，2004：35-43.
刘正刚．广东会馆论稿 [M]．上海：上海古籍出版社，2006：270-273.
黄玥．广西粤东会馆建筑美学研究 [D]．桂林：广西大学，2018：14-15.

6.2.1.3 以南中北综合迁徙通道到达的川渝地区：南华宫

通过整理和归纳，明清时期粤商文化从广东迁移传播到川渝地区的路线可以分为主要的南、中、北三条，这三条路线基本都是以水路为主、陆路为辅的综合通道。

南线从广东出发，沿着西江的正源，从梧州开始，依次经过浔江、黔江、红水河，在红水河畔广西与贵州交界处的罗甸，转陆路，可沿着一条山谷间的平坦道路到达贵阳，再沿着鸭池河、六冲河，转到赤水河，顺流而下，在泸州市合川县进入长江，进而抵达川渝地区。

中线本身就是一条综合性的路线。首先从广东出发，翻越南岭，如前文所述有几条古道可以穿越南岭，所以中线在这里有四条路线，分别是北江—耒水—衡阳、连江—潇水—永州、西江—贺江—潇水—永州、西江—桂江—漓江—湘江—永州。到达衡阳后，顺着湘江抵达洞庭湖，再沿着沅江—酉水或是澧水，到达湘黔渝交界地带，再走陆路可转到乌江流域，在重庆涪陵进入长江，进而逆流而上或溯源而下。

北线的大致方向是先往北再往西，沿着北江—耒水—湘江，到达洞庭湖，在岳阳打了个接近 90 度的弯，转向西，逆长江而上，穿过荆楚大地，途径荆州、宜昌，历经三峡天险后，到达奉节、云阳等地，再向西深入川渝各地。

粤商在到达川渝地区之后，继续在川渝境内迁徙传播，数百年间，在以四川盆地为主的这一片区域持续进行着迁徙运动，而进行迁徙传播的路线就是沿着川渝地区主要的一些水系通道以及四川盆地较为平坦的陆路通道。

广东会馆在四川的建立数量多、分布范围广，都是其他省份的广东会馆所无法与之相较的。川渝地区的广东会馆总数至少为 298 座。因为许多川渝方志一般只记录州县治所地区的南华宫，而对乡村各场镇的南华宫分布情况则往往略而不计。实际上，川渝地区场镇的会馆往往多于州县治所的会馆数量。据以上描述可以推断，川渝地区的广东会馆总数可能在300～400座之间。

从空间分布上看，川渝地区的广东会馆主要分布在四川盆地以内，除此之外，在川西南的西昌—攀枝花一线，以及重庆东部的万州和乌江沿线也有一些广东会馆分布。

据不完全统计，川渝境内大多数的广东会馆均以“南华宫”命名，会馆内供奉的神灵几乎都为“南华六祖”。因此在川渝地区，南华宫就是其最主要的广东会馆子类别。

6.2.1.4　以内河北上线到达的内陆地区：广东会馆、广州会馆

粤商借助穿越南岭的几条通道，开始逐步向广阔的祖国内陆腹地扩展自己的商业版图。除了前面所述的到达广西和迁徙到川渝地区之外，粤商还在南北方向形成了两条主要的迁徙通道，都是从广州出发，一条是北江—武水—耒水—湘江—洞庭湖—长江—京杭运河沿线，可称为西线；另一条是北江—浈水—章水—赣江—鄱阳湖—长江—京杭运河沿线，可称为东线。这两条路线在粤北地区分开，一条经湖南走湘江，过武汉；另一条经江西走赣江，最终两条线路在江西九江附近汇合。之后一起沿长江转京杭运河，一路北上，最终到达山东和京津地区。

总共梳理出内河北上线沿线内陆地区的广东会馆共50座，其中在粤北地区，广东会馆的分布最为集中；其次是湘江干流沿线以及赣江靠近鄱阳湖的区域，分布也较多。

再对这50座广东会馆的子分类进行梳理（图6-8），数量最多的就是直接以“广东会馆”来命名的会馆，有12座，占据总数的将近四分之一。其次为广州会馆，有6座。并且这一路线广东会馆的子类别也较多，有21种。这可以反映出，一是在进行较长路线、较远路程的南北向传播迁徙过程中，粤商还是倾向于以联合统一的名义来从事商业贸易等活动；二是在这一南北大路线迁徙过程中，有来自广东很多地区的商人所组成的庞大群体共同参与。

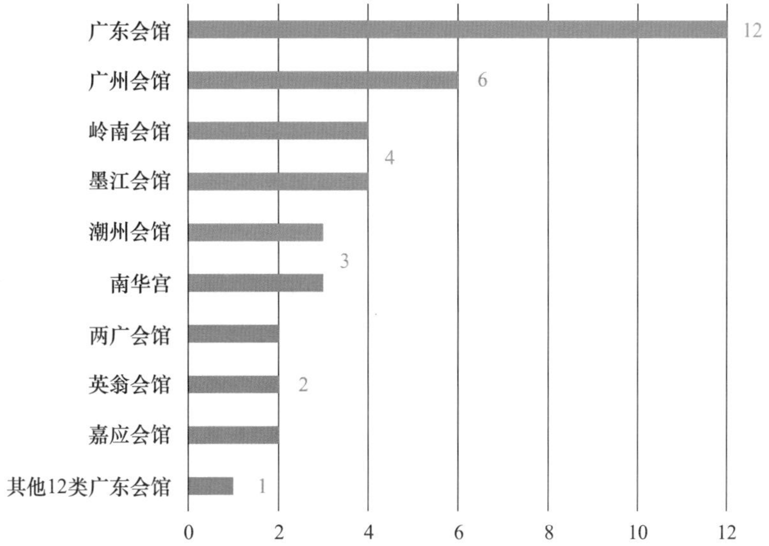

图 6-8 内河北上线沿线内陆地区的广东会馆分类统计柱状图

6.2.1.5 以海上路线为主的东部沿海地区：潮州会馆、广东会馆、两广会馆

粤商在中国东部沿海地区也有很大程度的经商范围，其主要从广东的各大沿海城市出发，沿着海岸线走海上路线，主要到达浙江、上海、江苏、山东的沿海地区，并且其中有很大一部分粤商继续北上，横穿渤海湾，来到京津地区，最北端到达辽宁营口。

总共梳理出历史上东部沿海地区的广东会馆共 36 座，从南到北，依次涉及福建、浙江、上海、江苏、山东、天津和辽宁七省市。其中在上海和江苏的分布密度较大，尤其是苏州—上海附近，广东会馆的分布最为集中。

纵观东部沿海地区的 36 座广东会馆，数量最多的就是以潮州会馆命名的会馆，有 6 座；其次是以广东会馆和两广会馆来命名的会馆，各有 5 座（图 6-9），说明在东部沿海地区经商的粤商中，潮州帮商人占据主要位置。而东部沿海地区的所有 36 座广东会馆中，包括 17 个子类别，整体类别数比较多，这可以反映出，在东部沿海地区的粤商也是由来自广东很多地区的商人所组成的庞大群体。

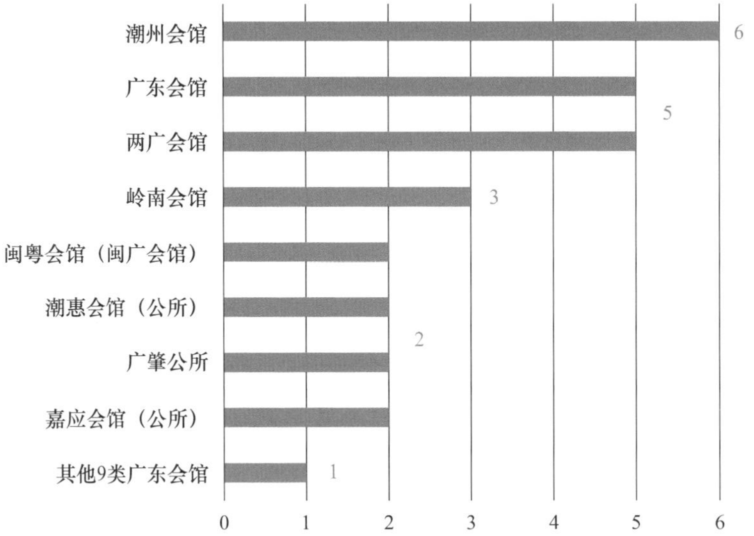

图 6-9　东部沿海地区的广东会馆分类统计柱状图

6.2.1.6　广东会馆的其他演变：粤商书院、护龙庙

除了这四条主要的迁徙路线以及四大子类广东会馆之外，在两广地区还存在着一些广东会馆的其他演变建筑，比如更偏向教育功能的粤商书院，以及为了祭祀和祈福而修建的护龙庙等，这些都可以归纳到广东会馆演变子分类“*X*”里。粤商书院大多是由粤商赞助兴建。而护龙庙的建立，是为了祈求贩运货物的商船在海上和内河的运输往来可以顺利平安。由于当时两广地区绝大部分的商船运输都是为粤商所控制，所以有记载的护龙庙也大多是由粤商兴建的。

综合相关资料及实地调研的情况，对护龙庙和粤商书院等进行整理和归纳，据不完全统计，目前共有 19 座护龙庙和粤商书院（表 6-1）。

表 6–1　广东会馆的演变建筑归纳表（自制[1]）

演变建筑类别	建筑名称	所在位置
护龙庙	船埠护龙庙	广西壮族自治区玉林市福绵区福绵镇船埠村
粤商书院	陈氏书院	广东省广州市中山七路
	玉喦书院	广东省广州市萝岗街

1　主要参考：冯江．祖先之翼：明清广州府的开垦、聚族而居与宗族祠堂的衍变 [M]. 北京：中国建筑工业出版社，2016.

续表

演变建筑类别	建筑名称	所在位置
粤商书院	庐江书院	广东省广州市西湖路
	培兰书院	广东省广州市番禺区南村镇罗边村
	青云书院	广东省广州市越秀区
	肯堂书室	广东省广州市花都区炭步镇茶塘村
	云伍公书室	广东省广州市花都区炭步镇塱头村
	谷诒书院	广东省广州市花都区炭步镇朗头村
	莲峰书院	广东省佛山市禅城区石湾镇
	慕香书院	广东省东莞市凤岗镇凤德岭村
	颂遐书室	广东省东莞市常平镇桥沥村
	绮云书室	广东省深圳市宝安区乐群社区
	冈州书院	广西壮族自治区贺州市八步区
粤商书院	梅江书院	广西壮族自治区南宁市
	要明书院	
	顺德书院	
	新会书院	
	单城书院	广西壮族自治区崇左市大新县

这 19 座演变建筑都是沿着主要的河流分布，且呈现出明显的聚集式分布特征。大部分的演变建筑都分布在广州—佛山—东莞和广西首府南宁这两个区域。尤其是广州，聚集了最多数量的粤商书院，可见当时的广州不仅是两广地区商业贸易经济的中心，也是教育文化的中心（图 6-10、图 6-11）。

图 6-10　广州陈氏书院（1）

图 6-11　广州陈氏书院（2）

6.2.2　广东会馆的分布特征

粤商和粤商文化的发展直接带动了广东会馆的产生与发展，粤商文化的传播路线与影响范围则决定了广东会馆的分布范围，而粤商在某个地域范围内的活跃程度，或者说是影响力程度，则决定了广东会馆的分布密度。由于明清时期长达几百年间各种历史因素的影响，比如传播路线所具有的交通条件、路线的可通达性程度以及迁入地当时的经济社会发展水平等，粤商文化的每条迁移路线都会产生不同程度的文化扰动与交融的影响，因此就会呈现出带有差异化的分布特征。

综合前人学者对广东会馆的研究，再结合其他相关的历史文献资料，笔者初步总结出历史上中国大陆地区建立的广东会馆总数量为609座[1]（图6-12）。

从整体的空间分布来看，有三个地区广东会馆的分布密度最大，分别为华南的两广区域，长江上游的川渝地区和位于渤海湾的京津地区。其次与广东接壤的湖南、江西，以及东部沿海的江苏和上海等地，广东会馆分布也较多 。此外，除了西部和东北、内蒙古等地之外，其余的省区都有广东会馆的散点分布。文化的传播方向和路径是与文化势能的强弱紧密相关的，广东会馆在其发源地——广东省外分布最密集的三个区域分别对应着三个主要的粤商文化传播目的地。

在明清时期，随着广州府的开垦以及粤商的持续经营，广东的社会经济得到了快速的发展。此时的广西就像是一片尚未开发的原始土壤，而正在繁荣发酵的粤商文化需要打开新的市场，于是粤商就借助横贯广西的西江水运体系通达几乎广西全境。大量的广东商人频繁地往来于两广之间，进行着商业贸易活动，以至于广东商人在广西的商业版图里占据着绝对的强势地位。“广东人在桂省之经济势力根深蒂固，且时呈喧宾夺主之现象。尝闻人谓桂省为粤人之殖民市场，实非过言。”[2]这就是文化势能高的广东向当时文化势能低的广西进行文化传播和输送的表现。

再比如川渝地区，明清时期的粤商是顺着“湖广填四川”的移民大浪潮到达川渝地区的。在当时的时代背景下，川渝地区也属于尚未被大规模、强深度开发的，文化势能低的区域，因此高势能的粤商文化就沿着移民大通道传播到了川渝。从图6-12中还能注意到，

1　笔者主要依据《广东会馆论稿》（刘正刚著）各章节的信息，再结合其他的历史文献资料，得到609的总数字，但肯定还有一些历史文献未被发现，所以笔者估算实际历史上的广东会馆数量应该是大于这个数字的。

2　千家驹等. 广西省经济概况 [M]. 上海：上海商务印书馆，1936.

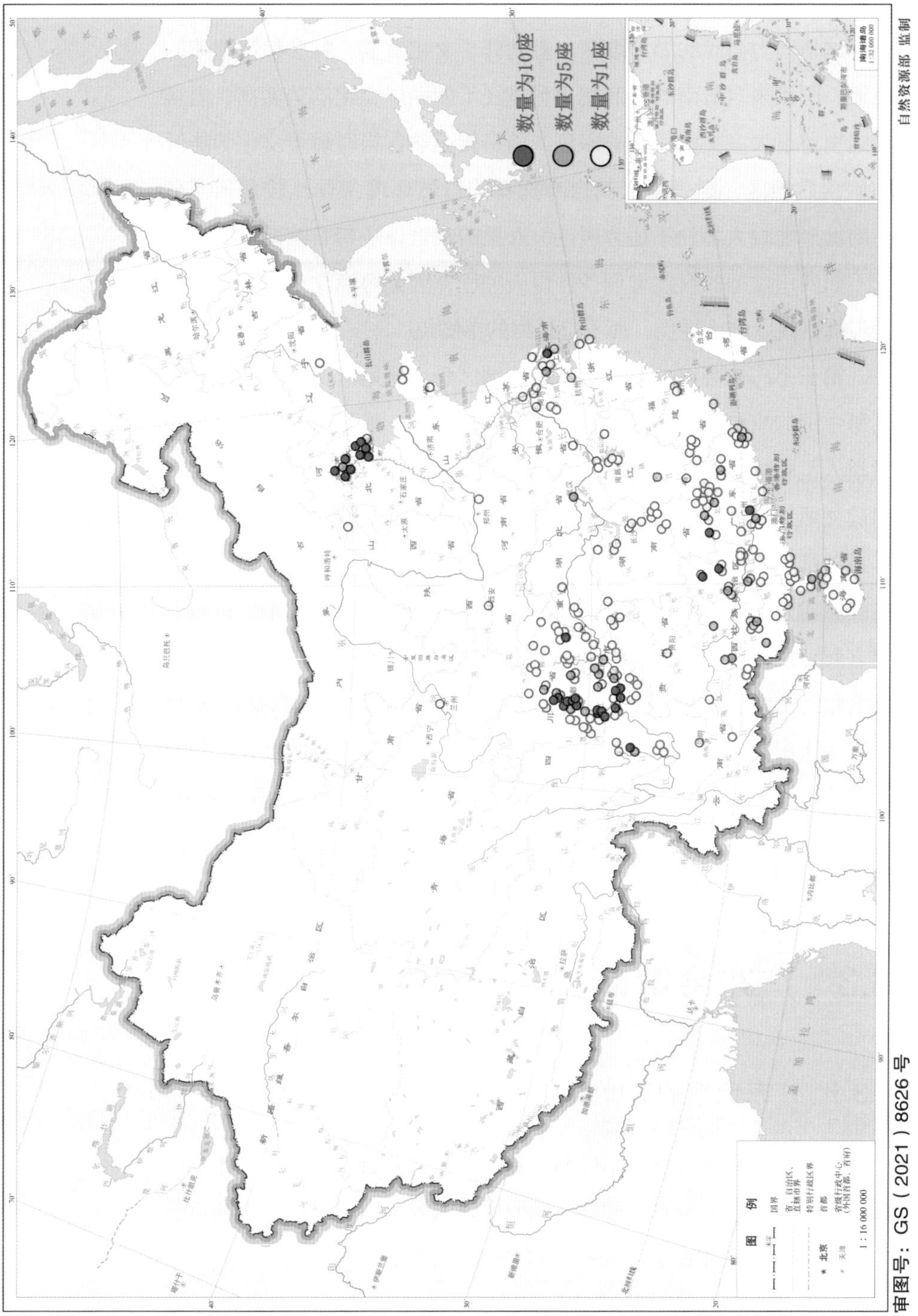

图 6-12 广东会馆全国分布图

在传播路线途径的湖南、湖北、贵州等地并没有产生太多的广东会馆。这是因为当时的湖广地区一直就处于文化繁盛、社会经济繁荣的时期，所以来自岭南的粤商文化可能还不如湖广文化的势能高，很难在这里留下太多文化活动的印迹。而贵州虽然在当时属于文化势能低的偏落后地区，但是由于其自身拥有的自然环境条件比较恶劣（贵州的地形地貌大多为不适合居住、开垦的山地，还带有喀斯特地貌），远不如四川盆地的自然地理条件得天独厚，因此粤商文化会把贵州作为传播路线上的途径点，而不是最终的落脚点。

第三个广东会馆分布较为密集的地区是京津地区。明清时期的北京是中国的政治、文化中心，官吏和士人最多、最集中，同时又是科考举人汇聚之地，因而会馆的数量之多，在全国各城市中首屈一指。如前文所述，在商品经济得到快速发展之后，粤商开始兴学重教，希望通过读书应试、考取功名来改变自己和宗族的社会地位，因此粤商在北京建立了很多广东会馆。而粤商在清时期也经常往返于广东和天津之间，从事商业贸易。粤商从事广东与天津之间的贸易往来是一种频繁和经常性的商业行为，并且这种贸易往来是通过海运来进行的。

综上所述，粤商文化在广东省外主要有三个传播目的地，一是临近的广西，二是处于内陆的川渝地区，三是京津地区。前两个路线，对应着文化势能从强的地区向弱的地区传播；第三个路线，则是政治文化和商业经济互补的表现。

6.3 广东会馆的建筑形态

6.3.1 广东会馆的选址倾向

广东会馆的选址带有明显的商业价值取向，绝大部分都处于交通便利和人员汇集的位置，其选址倾向可以大致分为两类：集市场镇的中心地带或重要街道旁，滨河滨江的主要街道旁。

6.3.1.1 集市场镇的中心地带或重要街道旁

明清时期，各种集市场镇在四川盆地竞相兴起，而作为商业据点的会馆，也在各大场镇中建立。会馆不仅成为场镇商贸繁荣的象征，也成为了很多场镇的中心地标性公共建筑。洛带古镇位于四川成都市东郊，农业和商贸运输等持续繁荣，是成都平原上扼守商贸流通的重镇。整个古镇呈现“一街七巷子”的格局，主要由一条老街（上下街）和七条巷子组成。老街全长 1.2 千米，街两边鳞次栉比，各大会馆点缀其中 [1]。广东商人所建的南华宫就位于古镇老街的下街，始建于清乾隆十一年（1746 年），建筑规模为洛带古镇中的会馆之最。

再如，天津的闽粤会馆，是由经海路北上的粤商和闽商联合修建的。《天津商会档案汇编》中说道：“天津城北针市街旧有闽粤会馆，系闽粤两省旅津商人集资公建。” [2] 这与光绪二十五年（1899 年）《天津城厢保甲 [3] 全图》中闽粤会馆的位置相匹配（图 6-13）。

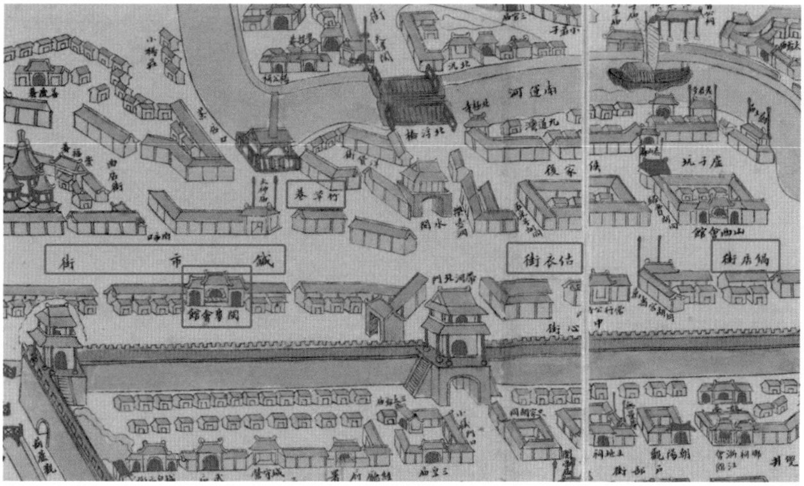

图 6-13　天津闽粤会馆的区位图（基于《1899 年天津城厢保甲全图》改绘）

6.3.1.2　滨河滨江的主要街道旁

如前文所说，粤商文化的传播路径很大一部分都通过水路，而且明清时期的聚落和市镇一般都是依附于江河水系而逐渐形成，这些

1　栗笑寒．川西地区汉族传统古村落空间形态与文化艺术研究 [D]．西安：西安建筑科技大学，2017.

2 《天津商会档案汇编》第 2 册，第 2100 页。

3　保甲制度是宋朝时期开始带有军事管理性质的户籍管理制度。

聚落和市镇的形态肌理往往也和水系共生长，产生密不可分的相互关系。因此，很多广东会馆都是位于滨河、滨江的主要街道上。

例如，当时广西平乐府的信都县（今广西贺州市信都镇），可以借临水通达贺江，再进入西江流域，交通十分便捷，粤商在清朝于此地建立了粤东会馆。民国《信都县志》卷首《贺信旧疆域图·旧城图》[1]中就标注了该粤东会馆的位置（图 6-14）。该会馆位于临江畔的上河东街，与城墙内的旧城隔临江相望，可以通过浮桥连接。在粤东会馆的两侧分别是商铺和一座天后宫。

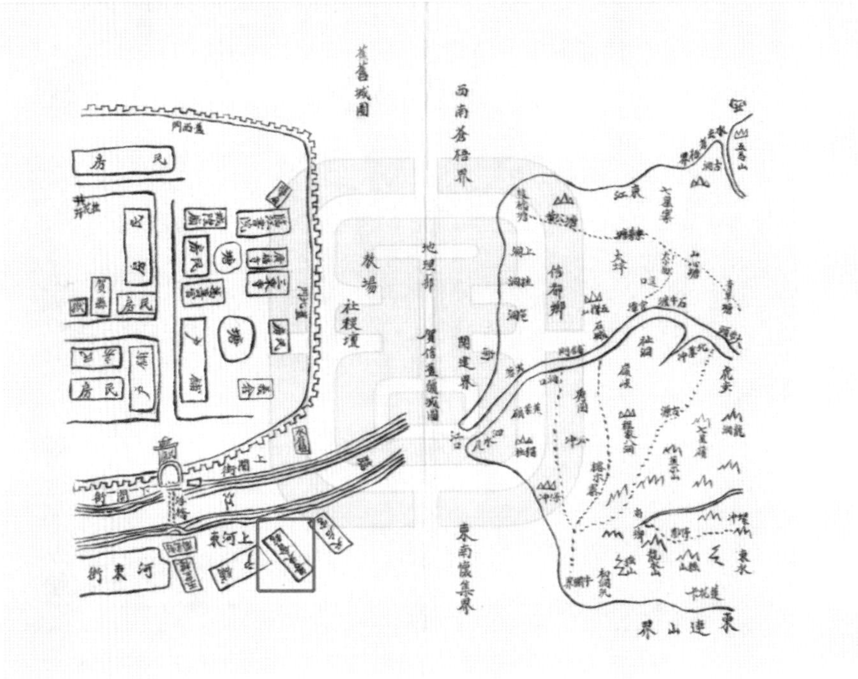

图 6-14　信都粤东会馆的区位图（基于《信都县志·贺信旧疆域图·旧城图》改绘）

6.3.2　广东会馆的布局特点

决定广东会馆建筑布局的有“路”和“进”两个重要因素。路就是与山墙平行的方向，一座广东会馆内沿一条纵深轴线分布而成的建

1　信都县志 [M]. 台北：台湾成文出版社，1967.

筑与庭院序列被称为一路。中间的一路通常被称为中路，左右两边为边路。进就是与正脊平行的方向，沿面阔方向平行的一组单体建筑被称为一进，中轴线上有几座单体建筑，整体建筑就有几进。所以路数和进数相组合，就决定了广东会馆建筑的整体规模。一般的广东会馆都为一路或三路，进数一般为三进。

广东会馆建筑采用最多的就是“三路三进”的整体布局，即拥有三条纵深轴线的序列，与正脊平行的主要单体建筑有三组。中路上一般为主体建筑，边路上一般为厢房等附属功能用房。中路与左右边路之间的空巷被称为青云巷，也叫冷巷（图 6-15）。

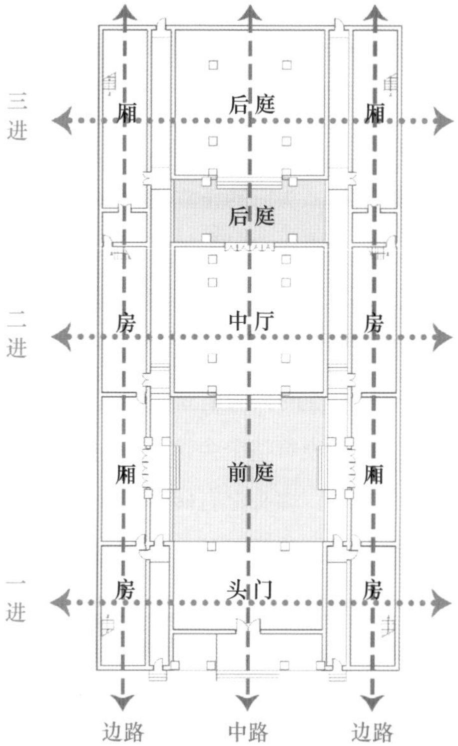

图 6-15 广东会馆建筑“三路三进”标准布局示意图

“三路三进”的布局特点尤其多见于两广地区的广东会馆，如大部分的粤东会馆、广州会馆等都是采用这种基本的格局形制。但广东会馆是属于功能性和祭祀性相结合的建筑类型，从开始建造到最终实现都会受到很多现实条件的制约，例如建造场地的地理因素和粤商建造者的财力水平等。因此，在一些商贸经济不够发达的较偏远地区，或是地理区位环境不够优越的地区，其广东会馆的建筑布局并不像基本形制那样完整。

6.3.3 广东会馆的建筑特征

广东会馆的建筑元素主要由中路上的主体建筑和两侧的厢房组成，其中一般中路上三进主体建筑的名称依次为头门（头座）、中厅（中堂）、后座（后堂）。

6.3.3.1 头门

头门也叫头座，是广东会馆正面和中路序列上的第一座建筑，也是整个会馆的主要入口。头门在性质上属于礼仪空间，并没有太多实际的功能。头门兼具会馆大门功能，门上铭刻有会馆名称，门前左右放置抱鼓石。头门的正立面一般采用均匀平整的水磨青砖砌筑，除了大门外，一般没有另外的开窗洞口。头门一般为三开间，除了正中的一进为大门外，左右两开间的最外面有石梁架，梁架上方一般通过小型的石狮与屋顶相接。这种墙—梁架—柱组合的样式也是广东会馆非常具有代表性的头门正立面形式（图 6-16）。

头门代表着整个会馆的脸面，因此带有大量丰富的装饰。例如梁架上有木雕，墀头上有砖雕，基座和抱鼓石上有石雕，还有屋脊和屋檐上有灰塑。除此以外，头门的柱础式样也较为精美丰富，石梁架下方与柱子、山墙面相接的承托也带有繁复精美的花纹图案。

6.3.3.2 中厅

中厅，也叫中堂。中厅是广东会馆中最核心的功能使用空间，主要是作为会馆成员商户在一起举行会议、商讨经营贸易、处理商业纠纷的场所。中厅两侧的厢房通常被用来当成商户的休息用房或者是厨房餐厅类的生活用房。当然中厅的使用功能也有例外，例如广西梧州粤东会馆的中厅被用来当作祭祀关帝的空间，其中厅也称作武圣殿。不管是举行会议的议事空间，还是进行祈福的祭祀空间，中厅都是广东会馆中使用频率最高的单体建筑，也是公共性最强的实体建筑空间（图6-17）。

南雄广州会馆

百色粤东会馆

梧州粤东会馆

玉林粤东会馆

广州锦纶会馆

南宁粤东会馆

图6-16　广东会馆的头门

百色粤东会馆

梧州粤东会馆

天津广东会馆

南雄广州会馆

图 6-17　广东会馆的中厅

6.3.3.3　后座

后座也称后堂，是广东会馆空间序列中最后一座单体建筑。后座也是会馆建筑中最具精神礼仪性的空间，因为它被用来供奉来自故乡的先贤神灵。每到重大节日，都要在后座及前面的庭院内举行各种祭拜仪式和奉祀活动。后座的室内贴后墙会设有神橱，供奉有神祇的雕像、塑像，神像前一般会摆供桌、香炉等祭祀用品。但是也有后座不是礼仪性空间的广东会馆，例如天津广东会馆，其后座就是一座戏楼（图 6-18）。

百色粤东会馆

梧州粤东会馆

天津广东会馆

南雄广州会馆

图 6-18　广东会馆的后座

6.3.3.4 序列

广东会馆的空间序列较为稳定和简洁。以标准的“三进三路”布局的广东会馆为例，一般从头门开始，依次为头门—前庭—中厅—后庭—后座。虽然大部分的广东会馆位于平地上，但为了烘托出整体的序列关系，以及增强三进主体建筑之间的递进层级，绝大多数的广东会馆在修建时还是着意依次升高了基座的标高，并且中厅前的前庭要比后庭更开阔一些，适应举办各类大型公共活动的功能需求。

6.3.4 广东会馆的构造特征

6.3.4.1 结构体系

广东会馆的结构体系可分为三种：抬梁式、穿斗式和抬担式。三种结构体系带有明显的地域分布性。如两广地区的广东会馆，通常采用抬梁式结构，并且全部采用的是露明梁架，即室内所有的构架全部都展现出来。抬梁式结构可以形成较为宽敞的室内空间。穿斗式结构和抬担式结构基本都出现在川渝地区的南华宫中。穿斗式结构虽然形成的空间不够开敞，但是在结构布置时具有很强的灵活性。而抬担式略有区别，柱上直接放檩，梁则放置于柱中，梁上面再放短柱，柱上再承托檩（图 6-19）。

抬梁式

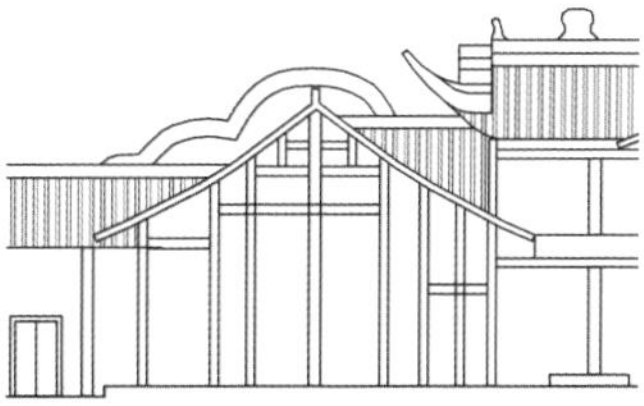

穿斗式

抬担式

图 6-19 广东会馆的结构体系

6.3.4.2 山墙

山墙用于压顶、挡风、防火，多用青砖、石柱、石板砌成。广东会馆的山墙样式大概可以分为四类：三角直线山墙、镬耳山墙、云朵状多曲线山墙和北方式带卷棚顶微曲山墙。造型别致的山墙不仅有其实际的功能，也成为广东会馆别具一格的建筑形象元素（图 6-20）。

三角直线山墙

镬耳山墙

云朵状多曲线山墙

带卷棚顶微曲山墙

图 6-20　广东会馆的山墙

6.3.5　广东会馆的装饰艺术

广东会馆的装饰中最突出的就是“三雕两塑”，即木雕、石雕、砖雕，以及陶塑、灰塑。装饰部分遍布会馆的几乎所有部位。

广东会馆的木雕多用于建筑的梁架及屋檐下。一般头门前檐梁架上的木雕，数量最多，规模最大，内容形式也最丰富，堪称会馆木雕中最精彩的部分。头门梁架上的木雕，主要表现各路英雄汇聚一堂的主题，主要以故事中的人物形象为主，有民间传说、历史故事、还有三国演义里面的故事等（图 6-21）。

南雄广州会馆

百色粤东会馆

图 6-21　广东会馆的木雕

石雕在广东会馆各处都可见，主要体现在柱础、台阶、梁枋、石横梁等部位（图 6-22）。台阶和梁枋上多以镂空的石雕刻琢出繁复的卷曲花样。主要单体建筑正立面的石横梁上会放置有石雕的小狮子。石雕中最多样的当属柱础。

玉林粤东会馆　　百色粤东会馆　　天津广东会馆

北流粤东会馆　　中渡粤东会馆　　北流粤东会馆

图 6-22　广东会馆的石雕

砖雕相对于木雕和石雕，在整体装饰中的比例比较小，但却是画龙点睛之笔，尤其以主要单体建筑墀头处的砖雕最为出彩，此外在山墙的墙头也有一些砖雕。

陶塑和灰塑一般都装饰在屋面上，通常一起出现。例如，屋顶正脊上的装饰，通常是陶塑在最上方，灰塑在陶塑的下方，承接屋面和上面的陶塑装饰（图 6-23）。

广东会馆陶塑装饰的用材主要为玻璃釉彩，颜色主要有白、褐、黄、绿、蓝五种。陶塑装饰的主要图案为各种各样的人物形象，并巧妙地将各种动物、花鸟瓜果和亭台楼阁等元素融合其中，使屋脊显得丰富多彩。陶塑装饰着重在轮廓线上进行打磨，线条简洁但铿锵有力。

广东会馆中的灰塑使用规模较大，灰塑是广东民间建筑的主要装饰工艺。由于灰塑需要在现场制作，手工匠人们可根据题材和空间的需要，充分发挥其技艺。如将山川水涧景物随形就势穿透墙体，立

梧州粤东会馆的灰塑

玉林粤东会馆的陶塑

百色粤东会馆的灰塑与陶塑

图 6-23　广东会馆的灰塑与陶塑

体效果突出，形态栩栩如生，充满浓郁的民间色彩。这些灰塑主要装饰在屋脊基座、山墙垂脊、廊门屋顶、厢房及庭院上。相较于造型独特、凹凸有致的陶塑装饰来说，灰塑一般比较平整，且图案花样更简洁，只为突出陶塑的精彩纷呈。泥塑在广东会馆中使用比例较小，可能是因为其硬度不够，容易破损。

6.3.6 广东会馆的细部特点

除了上述的“三雕两塑”之外，广东会馆内一般还有石碑、壁画和匾额等细部装饰，虽然所占的比重不大，但都是广东会馆建筑装饰文化中非常重要的组成部分。石碑一般都位于头门的内进，或者是中路庭院两旁的廊中。石碑记录着这座会馆兴建、维修和扩建的相关信息，以及捐资兴建商户的名录情况等。会馆内的壁画均为中国工笔画，主要做山墙内墙顶部的装饰点缀，每个厅堂会有不同的绘画内容。而匾额基本都是由和会馆相关的社会各界人士捐赠，会馆内悬挂的匾额越多，就说明该会馆在当时的社会地位越高。

6.4 广东会馆建筑实例分析

6.4.1 广西百色粤东会馆

6.4.1.1 历史沿革

百色位于右江沿线，虽地处广西的最西部，距离广东甚远，但是凭借西江 - 右江的黄金水道，也可以顺利快速地从广东到达百色。并且百色地处广西与云南、贵州的交界地带，是三省区商贸往来的枢纽。在明清时期，还是有相当规模数量的粤商顺着西江水运体系来到百色经商，从事商品贸易往来。

百色粤东会馆位于百色市右江区解放街 39 号，初建于清康熙五十九年（1720 年），在道光二十年（1840 年）和同治十一年（1872 年）经历了两次较大规模的扩建和修缮。1929 年，邓小平等人就是从这座粤东会馆开始，发起了轰动全国的百色起义。如今的粤东会馆整体建筑保存完好，是中国工农红军第七军军部旧址，其不仅是全国重点文物保护单位，还是全国爱国主义教育基地，在彰显着独特传统建筑艺术魅力的同时，也积极发挥着爱国主义的教育功能[1]。

1 黄蔚林．广西百色粤东会馆的红色历史 [J]．岭南文史，2018（01）：76-80.

百色粤东会馆内完整保留着记录会馆数次建设和修缮情况的石碑，一共19块。其中《重新鼎建百色粤东会馆碑记》系列石碑有8块，主要记载了百色粤东会馆的方位、朝向、建立时的社会环境、修缮的时间和缘由，还有修缮的收支明细。这一系列的石碑不仅清晰记录了百色粤东会馆的历史沿革，粤商与粤东会馆之间的密切联系，还展示出粤商在百色经营商贸的活跃，粤商与粤东会馆在当时百色社会上所具有的相当大的影响力[1]。

6.4.1.2 建筑现状

（1）平面布局

百色粤东会馆是标准的广东会馆范式布局，三路三进，中轴线对称，中路上有头门、中厅、后座三个单体建筑，前、后两个庭院。左、右两个边路几乎全是厢房等附属用房，三条边路之间夹有两条青云巷。整体建筑纵横规整，布局严谨对称，主次建筑层级分明（图6-24）。

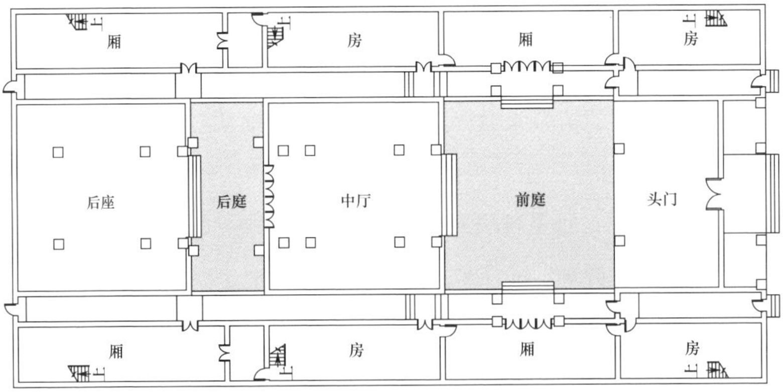

图6-24 百色粤东会馆平面图

从中路的纵剖面来看，虽然整体建筑处在平地上，但为了烘托出整体的序列关系以及三进建筑之间的递进层级，从头门开始，一直到后座结束，在修建时还是着意依次升高了基座的标高。中厅前的前庭

1 黄蔚林．道光二十年《重新鼎建百色粤东省馆碑记》系列石碑考析[J]．文物鉴定与鉴赏，2019（09）：5-9.

比后庭院要更开阔一些，适应举办各类大型公共活动的功能需求。

会馆中路上的三个单体建筑都是面阔三间。头门是整座会馆的门脸，主要为迎宾和展示粤商文化的前沿窗口。中厅是整座会馆的中心建筑，是当年粤商议事聚会的场所。后座主要为祭祀空间，室内摆放着财神爷关公的雕像。左右两边路的建筑基本都为厢房，大部分为两层，主要承担生活起居等附属功能。

图 6-25 头门梁架结构

（2）空间结构

百色粤东会馆建筑的三座主要单体建筑均为金柱间施九架梁结构，屋面下的木构架为抬梁式。头门为九架四柱出前檐廊，梁架上的瓜柱下骑横梁，上托梁头。中厅为九架四柱山墙承檩，以瓜柱抬梁，毅出轩廊，前廊还用了卷棚顶，卷棚下施穿插枋、月梁、驼峰、斗拱。后座也是九架四柱承重，瓜柱抬梁（图 6-25～图 6-27）。

图 6-26 中厅梁架结构

图 6-27 中厅卷棚顶

6.4.2 四川成都洛带南华宫

6.4.2.1 历史沿革

洛带古镇大多数的居民都是明清时期“湖广填四川”运动迁徙而来的移民及其后代，包括广东商民在内的很多外省移民都选择在此安家落户，并逐渐开始经营商业贸易。于是各省籍商人便开始在洛带古镇兴建自己的同乡会馆。一时间，洛带古镇成为川渝地区会馆最为集中的场镇之一，至今仍有湖广会馆、南华宫、江西会馆、川北会馆四座保存较好的会馆建筑。

洛带南华宫位于成都市龙泉驿区洛带古镇，是整个古镇中规模最大、保存最完好的一座会馆。洛带古镇会馆群都属于国家重点文物保护单位。洛带南华宫由广东籍客家人捐资兴建，初建于清乾隆十一年(1746 年)。会馆内有一幅石刻楹联保存完好，内容为“云水苍茫，异地久栖巴子国；乡关迢递，归舟欲上粤王台”。这一楹联深切反映出粤商从广东跋山涉水迁徙到四川的艰辛和浓厚的思乡之情[1]。

6.4.2.2 建筑现状

清朝末年，南华宫大部分建筑毁于大火，民国时期 1913 年进行了重建。当地文物部门在近些年又对南华宫进行了数次维修和保护。目前各部分建筑保存较好。

（1）平面布局

南华宫坐西北，朝向东南，大门万年台已损毁，现由三进两天井、庭院与两边厢房、后门戏台等部分组成，现存建筑总面积约为 1000 平方米。南华宫的入口面对街道，沿街从西侧门进入，这种入口形式非常少见。穿过长廊后来到豁然开朗的庭院，三进两天井的主体建筑部分映入眼帘。院落十分宽敞，东西两侧由厢房围合(图 6-28～图 6-30)。

---

1 胡斌，陈蔚，熊海龙．四川洛带客家传统聚落建筑与文化研究 [A]．中国民族建筑研究会学术年会暨第二届民族建筑（文物）保护与发展高峰论坛会议文件 [C]．中国民族建筑研究会：中国民族建筑研究会，2008：8.

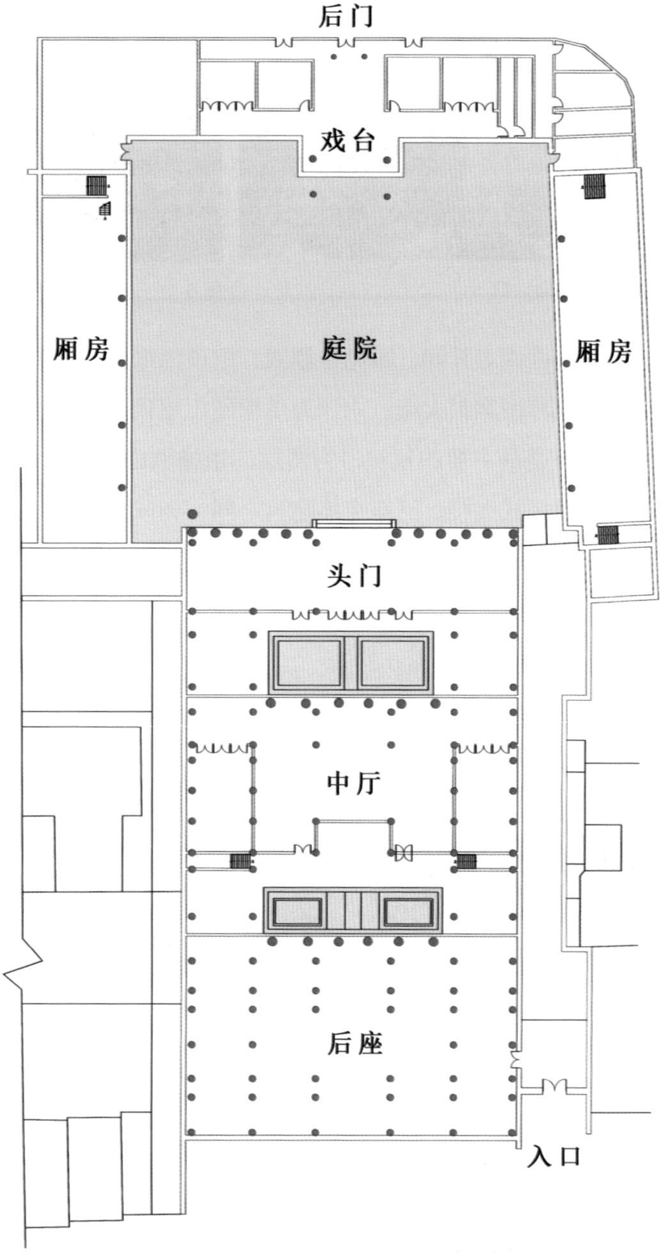

图 6-28　四川成都洛带南华宫平面图

图 6-29　沿街入口

图 6-30　南华宫街景

头门面阔五开间，单檐卷棚式，屋顶为绿色琉璃瓦，山墙为三道曲线的花草图案封火墙。中厅为单檐硬山屋顶，也是五开间，青瓦屋面。后座是最主要的建筑，为两层的重檐歇山式建筑，下檐为硬山，上檐为歇山式阁楼。三座主体建筑之间，构成前后两个天井。由于主体建筑之间的空间尺度十分局促，所以并没有像川渝一带的院落式建筑多采用大庭院来达到通风散潮气的作用一样，而是采用了狭窄的天井空间[1]（图 6-31～图 6-34）。

图 6-31　主体建筑头门

图 6-32　后门及戏台

图 6-33　后座歇山阁楼

图 6-34　天井内部

1　傅红，罗谦．剖析会馆文化透视移民社会——从成都洛带镇会馆建筑谈起[J]．西南民族大学学报（人文社科版），2004，25（4）：382-385.

洛带南华宫主体建筑的结构形式主要为卷棚式和抬梁式两种，一般单体建筑的室内为抬梁式（图 6-35），入口的檐廊处为卷棚顶（图 6-36）。除此以外，洛带南华宫中还有另一种结构形式：抬担式列子，这种形式可以理解为抬梁式和穿斗式的结合。

洛带南华宫三进两天井主体建筑群的两边，用砖砌筑封火高墙，每一边的山墙顶部，又耸立三墙半圆形巨壁，高低参差，曲线优美，雄伟奇观。这封火墙也使得南华宫成为整个洛带古镇中最引人瞩目的建筑（图 6-37）。

图 6-35 抬梁式结构

图 6-36 卷棚顶结构

图 6-37 古镇中的南华宫远景

7 行业会馆

行业会馆主要是工商界中同行业者之间为沟通买卖、联络感情、处理商业事务、保障共同利益而建立的。行业会馆也可以称为“工商会馆”或者“商人会馆”。在清朝后期，随着中国工商业及商品经济得到高速发展，全国范围内的长距离贩运贸易逐渐兴盛，形成十大商帮。由手工业者和商人兴建的行业会馆数量多、分布广、规模大，成为明清会馆中的主体部分。

行业会馆按照行业的类别和经营商品的不同可以大致分为四类：手工业会馆、食品业会馆、船帮会馆和药帮会馆。其中手工业会馆包含颜料会馆、泥木行业会馆、鞋业会馆、铁业公所和云锦公所等；食品业会馆主要有三类，即盐业会馆、茶商会馆和以酒业会馆、酱业会馆为代表的其他食品业会馆；船帮会馆一般具有很强的地域性，包括杨泗庙、平浪宫、王爷庙、龙母庙和护龙庙等；药帮会馆尤以“十三帮”最为出名。行业会馆的四大类别详见表 7-1。

表 7-1　行业会馆分类总表

行业会馆类别	子分类名称	会馆举例
手工业会馆	颜料会馆 泥木会馆 鞋业会馆 云锦公所	北京颜料会馆 湖南湘潭泥木会馆 汉口鞋业公会会馆 苏州云锦公所
食品业会馆	盐业会馆	四川自贡西秦会馆 四川内江资中县罗泉古镇盐神庙 山西运城池神庙 江苏扬州盐宗庙
	茶商会馆	汉口茶业公所 湖南安化陕晋茶商会馆
	其他食品业会馆	北京临襄会馆 扬州酱业会馆 上海三山会馆
船帮会馆	杨泗庙 平浪宫 王爷庙 护龙庙	陕西安康旬阳县蜀河古镇船帮杨泗庙 陕西商洛丹凤县龙驹寨平浪宫 河南淅川县荆紫关平浪宫 广西玉林市船埠村护龙庙

续表

行业会馆类别	子分类名称	会馆举例
药帮会馆	三皇宫 怀庆会馆 药王庙	江西三皇宫 河南沁阳药王庙 河南禹州怀庆会馆 山西晋城怀覃会馆 安徽亳州江宁会馆

7.1 手工业会馆

手工业行业会馆大多建于清朝。究其原因，与清政府明确废除匠籍制度、缩小官营手工业规模有很大关系。工匠们恢复自由身份，生产热情大大增加，手工业得以进一步发展。手工业的繁荣使行业神崇拜兴盛，部分会馆由行业神祭祀场所改建而来。在初期，手工业与商业紧密联系，还没有脱离开来，会馆性质也多是工商结合。随着生产分工的细化，手工业会馆开始大量出现，甚至出现了由工匠组成的“西家行”。

7.1.1 由行业神祭祀场所改建而来的手工业会馆

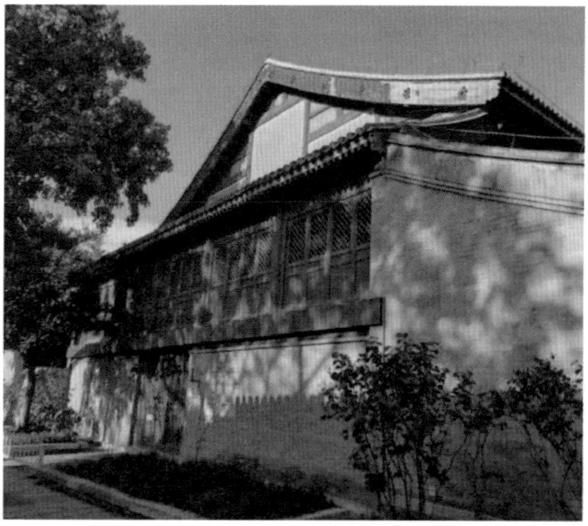
图 7-1 北京颜料会馆

手工业的繁荣使行业神崇拜兴盛，几乎每个手工行业都有祭拜的行业神，或是祖师爷，或是保护神，种类繁多。所以，有相当一部分手工业会馆是由行业神祭祀场所改建而来的。比如，北京的平遥颜料会馆最早的主体建筑是仙翁庙（梅葛二仙，图 7-1）；湖南湘潭的泥木行业会馆的前身是鲁班殿（鲁班）；汉口的鞋业公会会馆是孙祖阁（孙膑）、铁业公所是老君殿

（太上老君）；苏州的云锦公所则为轩辕宫（轩辕黄帝），见表 7-2。

表 7–2　手工业行业与其对应的行业神

行业	行业神	行业	行业神
纸业	蔡伦	鞋业	孙膑
泥木石业	鲁班	织履业	刘备
五金业	老君	缝衣业	轩辕
酒业	杜康	理发业	罗祖
机织业	机仙	屠宰业	桓侯
靛染业	梅葛仙翁	厨业	詹王
豆腐业	淮南王	演剧	唐明皇

资料来源：侯俊德等修的《新繁县志》卷三《地舆志下·风俗》。

7.1.2　从工商业结合到独立的手工业会馆

在清朝前期，纯粹由手工业者建立的行业会馆非常少，更多的是手工业与商业相结合的会馆，这是作坊主兼商人导致的，他们一方面从事生产活动，另一方面也要进行商品的买卖。比如，木器业的置器公所、蜡烛业的东越会馆、玉器业的长春会馆、典当业的当业会馆等。

清初至乾隆年间，商品经济进一步发展，市场扩大，生产的分工越来越细，手工业逐渐从商业中脱离出来，独立的手工业会馆开始大量出现。如北京的帽行会馆、靛行会馆（靛染业）；苏州的仙翁会馆（造纸业）、东越会馆（蜡烛业）；佛山的熟铁行会馆、新钉行会馆、金丝行会馆等。

清朝后期，不少会馆向公所转变，突破地域性，尽量普及同行业的所有手工业者。如丝织业行会的云锦公所、染布业行会的浙绍公所、踹布业行会的踹布公所等。当然，这也不是绝对的，有些会馆已经脱离同乡性质，但名称并没有改变，如汀州会馆（纸业）、宣州会馆（烟业）等。

7.1.3 东家行与西家行

清朝还存在一类手工业会馆，是由同行业的失业工匠或在业工匠组成行帮，建立的会馆。其作用是维护手工工匠的利益，反对作坊主对作坊工人的剥削与束缚。这类会馆，称为“西家行”，与作坊主成立的“东家行”相对立，在工商业繁荣、发达的地区较为常见。

佛山地区，唐鞋行（东家行：福履堂。西家行：儒履堂）、帽绫行（东家行：兴仁堂会馆。西家行：兴仁堂会馆）、机房土布行（东家行：东友会馆。西家行：西友会馆）、泥水行（东家行：荣盛会馆。西家行：桂泽堂）等多个行业均出现相应的东家与西家会馆组织。

这些行业的工匠数量比较多，极容易发生作坊主与工人的矛盾与对立。清朝初期，苏州地区曾多次发生西家行与东家行的暴力冲突事件，集中在雇工数量多的绢织业与踹布业等。

7.2 食品业会馆

对于食品行业来说，在生产力不那么发达的古代，人们对粮食是很看重的，只有一部分便于储存和运输的食品才会被商人运往各地贩卖，而运输这些商品的商人会自发组织成立行业会馆。其中，以盐业、茶业影响最广。除此以外，民间各地还分布有酒业会馆、酱业会馆、果橘业会馆等。

7.2.1 盐业会馆

7.2.1.1 盐业会馆的兴起

大部分会馆建筑以商业经济为基础，在某些盐业经济发达的地区，产生了大量的盐业会馆。由于盐产业的蓬勃发展，一系列与盐有关的民俗、建筑、娱乐、艺术活动也逐渐兴起，形成了极富特色的盐业文化，这对吸引异地文化的渗入做好了精神层面的准备。正是在巨大盐业利润的诱惑下，大量赴异地“淘盐”的客籍商帮来到产盐地区，随之带来的是大量盐业会馆的兴建。

7.2.1.2 盐业会馆的分类

盐业会馆的兴起，有着比较复杂的成因，单纯地按照同乡、行业或政治性、经济性等方式来划分，都不足以说明盐业会馆不同的形成原因。比如，自贡很多同乡会馆也为同业者会馆，如西秦会馆是由陕西盐商出资修建的，将同乡、同行业综合到了一起。随着工人实力的增长和活动场所的固定，工人们也筹资兴建自己的会馆。

（1）盐业商人会馆

巴蜀地区在清末兴建的商人会馆大多与盐业经济有关，特别在运盐古道上的盐业古镇中更是如此（这些古镇中的会馆建筑也相对比较集中），它们生动地体现了盐商阶层的经济实力与文化品位。盐业商人会馆规模较大、等级森严、布局严整。

（2）盐业工人会馆

工人们集资修建会馆是为了保护自身利益及商议同行事宜，会馆是工人们集会与娱乐的重要场所。如烧盐工人的“炎帝宫”、挑卤工人的“华祝会”、为祭祀业始祖而设的“井神庙”等。工人会馆一般规模相对较小、形式较为自由、布局灵活多样。工人会馆现保存不多，最为典型的是自贡烧盐工人的“炎帝宫”与屠宰帮会的“桓侯宫”（表7-3）。

表 7–3 盐业工人会馆分类

行业名称	会馆名称	供奉神名
制盐业	盐神庙	河神
木船运盐业	王爷庙	李冰
制盐工具业（铁匠帮）	雷祖庙	李腆
烧火熬盐业	火神庙、炎帝宫	炎帝
养牛业（驮盐、打盐井）	牛王会	牛王

7.2.1.3 盐业会馆实例

（1）四川自贡西秦会馆（盐业博物馆）

1736年，自贡的陕西盐商开始营造供本籍盐商议事和娱乐的西秦会馆，历时16年建成。西秦会馆一直保存到末代皇帝逊位，后来一度是国民党的地方总部，后被辟为盐业历史博物馆（图7-2、图7-3）。

图 7-2　西秦会馆入口

图 7-3　西秦会馆戏楼

（2）四川内江资中县罗泉古镇盐神庙

四川的罗泉古镇拥有悠久的历史文化。罗泉古镇临近珠溪江，有着便利的水路运输条件，因此在清朝末年其经济便已得到发展，尤其是盐业经济已达到鼎盛时期。罗泉古镇特产井盐，生产的井盐通过便利的水路被运往全国各地。盐业的发展使得各地商人云集此地，盐业会馆应运而生。

清雍正年间，罗泉古镇始建盐神庙。盐神庙内殿宇精美大气，檐上雕塑精致美观。盐神庙正殿、戏台、厢房分别汲取了中国传统建筑道、佛、儒三教风格，虽风格元素各不相同，但融合之后相得益彰。伫立于盐神庙前，仿佛又看到了罗泉古镇曾经的繁华景象（图 7-4、图 7-5）。

图 7-4　盐神庙鸟瞰

图 7-5　盐神庙戏楼

（3）山西运城池神庙

山西运城为池盐的主产地，在运城有一著名盐湖，而河东盐业博物馆就修筑在盐湖的北侧。

运城的盐业博物馆是古代池神的祭祀场所，也被称为池神庙。池神庙建于唐朝大历年间，历朝历代都有过修缮或重建。现存的池神庙延续的是明嘉靖时期的布局，有三座并列的大殿，分别为池神殿、日神殿、风神殿。三座大殿具有类同的规模、形制。整栋建筑气势壮阔，精美非凡。

（4）江苏扬州盐宗庙

江苏扬州有一座盐宗庙，是两淮地区首座祭祀盐宗的庙宇。两淮地区的盐商供奉三位盐业始祖，这座盐宗庙建成于清同治元年，由当时的两淮盐运使乔松年改建而成。乔松年购买了一位名叫顾坚的画家的别墅，并将别墅内的明珠禅院改为“盐宗庙”，次年落成。

两淮地区盐商为了供奉盐业始祖而建成盐宗庙，盐宗庙内供奉了三位神像，盐宗庙沙氏为海盐始祖；胶鬲被称为最早的“盐商”；管仲提出的“食盐官营制”政策对盐业税赋有着极大的影响，被称为最早的“盐官”（图 7-6）。

图 7-6　盐宗庙外观

7.2.2 茶商会馆

7.2.2.1 茶商会馆的兴起与发展

明朝之后，以“茶马互市”“以茶开中”等边关商贸政策，促进了民间大量以茶叶经营贸易为主体的茶商的产生。在明清“十大商帮”中也不乏大量的商人“因茶而兴”，更“因茶而盛”，如以山西为代表的晋商、以陕西为代表的秦商、以安徽为代表的徽商、以广州为代表的粤商、以福建为代表的闽商等。

秦商凭借地理位置的优势，将四川、重庆、湖广等地的茶叶从康定、汉中等地，行销西北。而徽商将婺源、祁门等地的茶叶经运河转销北上，同时也将茶叶运至汉口、九江、广州等处，“北达燕京，南达广粤”，成为江南地区的著名商帮。闽商则以武夷山茶叶产区为主，将茶叶运销海上或经内河转赴粤省销售。粤商深入湖广、福建等茶区将茶叶运至广州口岸，经“十三行”向海外运输。而以晋商为首的茶叶商帮，除了与秦商一起将茶叶运销西北之外，还向北行经至内蒙古与俄罗斯的万里茶道，成为明清时期向西北地区及俄国等地销售茶叶的商人主体。

经营茶叶的巨大商业利益吸引了大量茶商深入茶叶产地，同时这些茶商也在行茶线路之上建设了大量的茶行、茶厂、公所、会馆、茶栈等建筑。以茶商会馆建筑为例，如以贩卖宜昌红茶为主的茶商建立的宜昌茶叶行帮，以两湖、安徽、江西茶为集散地的汉口河街建设的茶叶公所，以运销湖南安化、羊楼司等地茶叶为主的长沙方福街茶叶公所，湖南安化的陕晋茶商会馆，沙市后街茶馆工人建设的水官公所等，都是茶商行业贸易的同业会馆。为追求对茶叶资源的控制以及交通方式的便利，茶商一般将会馆建在交通转运方便的水陆码头和集市场镇，如汉口茶叶公所就紧邻汉水边熊家巷口的茶叶码头。在《汉口山陕西会馆志》上记载的1128家商号中，就有众多山西茶商，如山西太谷曹家茶商、祁县乔家茶商、以“十大玉”“十大德”商号为主的山西榆次常氏茶商等。这些茶商经营的茶叶种类包括红茶、三九砖茶、三六砖茶、二四砖茶、半斤砖茶、贡天尖茶、千两茶、百两茶、五斤茶、合茶皮包茶、洋庄茶等。收取的旅汉茶商的厘金是汉口山陕会馆建设的重要资金来源，汉口山陕会馆也成为汉口茶商的主要活动场地。在万里茶道上，河南社旗山陕会馆、朱仙镇山陕会馆、北舞渡山陕会馆、河北张家口堡关帝庙、内蒙古多伦山西会馆等会馆的碑记中都有山西茶商捐献的记载，显示出沿茶叶运输线路上的山陕茶商与线路上会馆之间联系密切。

7.2.2.2 万里茶道上现存的部分会馆（表 7–4）

表 7–4 万里茶道上现存的部分会馆

地点	会馆名称	在线路上的位置及基本信息	实景照片
湖北襄樊	山陕会馆	万里茶道由襄樊向北转唐白河进入河南界。会馆位于樊城瓷器街、皮坊街、邵巷交接路口，现为襄阳二中，现存的前殿、正殿、钟鼓楼、影壁等基本保存完好	
河南社旗镇	山陕会馆	茶商于社旗换乘陆路，并由此向各地转运。山陕会馆就成为重要的联系点，茶商捐赠的重修厘金占三分之一以上。建筑位于永安街、永庆街、北瓷器街附近，为全国规模最大，保存最完好的会馆之一	
河南汉滩镇	山陕会馆	汲滩镇位于茶商从襄樊至南阳的白河支流湍河、赵河、延陵河三河交汇之处。会馆始建于清雍正五年（1727 年），于乾隆四年、二十六年重修。现存建筑保存完好，位于汲滩中学校园内	

续表

地点	会馆名称	在线路上的位置及基本信息	实景照片
河南汝州蟒川镇半扎	关帝庙（陕山会馆）	关帝庙位于南阳至洛阳的宛洛古道之上，于2008年进行重修，现存建筑大体保存完好	
河南洛阳	山陕会馆（西会馆）	山陕会馆位于万洛古道终点洛阳，会馆位于古城之外的南边，临洛河相距较近，在九都东路与菜市东街之间，建筑群体保存完好	
河南洛阳	潞泽会馆（东会馆）	潞泽会馆位于洛阳古城西南角，濒临瀍河，现为洛阳民宿博物馆	
河南郏县	山陕会馆（山陕庙）	山陕会馆位于方城道线路之上的郏县，老环路、郏景路、龙山大道之间，现存照壁、戏楼、钟鼓楼、大殿、拜殿、厢房等建筑	
内蒙古多伦	山西会馆	山西会馆是山西商人从张家口北上恰克图的重要结点，位于多伦老城区，会馆街之上，为内蒙古现存唯一的山西会馆	

7.2.3 其他食品业会馆

7.2.3.1 北京临襄会馆（酒业会馆）

中国制酒历史源远流长，品种繁多，山西省汾阳市杏花村的汾酒、贵州省仁怀市的茅台酒、湖北宜昌的西陵特曲等尤为出名。在清朝，山西商人的实力得到极大增强，在全国各地商帮中的地位尤为突出，这与山西的酒曲制造和汾酒酿造、经营的兴起大为相关。

康熙年间，在北京经营酒业或者从事油行的商人，一起积攒钱财，在正阳门外东小市成立临襄会馆。会馆极为宽敞，可容纳数百人集会，就这样为从事酒、油、盐、粮业的临汾人、襄陵人在京贸易提供了场所。酒业会馆一般供奉酒神杜康，但是由于临襄会馆为北京油酒醋酱业同业公会，故供奉增福财神。

从乾隆八年（1743 年）直到 1932 年，临襄会馆经历了四次重修，捐款者最多的是油酒行商会，由此看来，清朝北京的酒行业中，山西商人是颇有实力的。

7.2.3.2 扬州酱业会馆

明清时期，扬州成为江南地区的商品贸易中心。扬州的酱业名扬千里，酱菜老字号非常多，于是经营酱业的商人在清朝始建酱业会馆。

在扬州的老城区教场社区漆货巷内至今还保有一处相对完好的酱业会馆，该会馆建于清末，采用传统合院式布局。建筑为硬山式、砖木结构，整体均为一层，大门朝东，原先的会馆规模较大，馆内东南建有船厅和房屋，且西侧设有花园，但是由于年代久远，加上年久失修，南边的房屋现为民用房，船厅和花园均遭损毁。

7.2.3.3 上海三山会馆（果橘业会馆）

“三山”指的就是福建省福州市，据旧《福州市志》记载，福州旧城里有日干山、乌石山、越王山三座山。而三山会馆原是福建商人用来讨论商务和祭祀“天后”的地方，供奉天后娘娘，以祈求天后

“时显灵异，护庇海舟”。

福州经营果橘业的商人分为果橘的零售商、批发商和果橘的贩运商两大帮派。在沪南原有一建于同治年间的三山公所，由于后来租界人口的增多带来商业机会的增加，相当一部分的福州果橘商人转移到租界开店，且仍以三山会馆为自己的同业会馆。留在南市的果橘商主要是贩运商和批发商，新的沪南三山会馆于 1909 年筹建，1911 年开始建设，1916 年竣工（图 7-7、图 7-8）。

这座晚清时期建造的三山会馆现保存完好，建筑为闽东大宅风格，平面长方形，有很高的红砖围墙。大堂中央陈列着妈祖像，为全汉白玉制作，栩栩如生。

图 7-7　上海三山会馆（1）

图 7-8　上海三山会馆（2）

7.3　船帮会馆

船帮是由船商、船工、水手等自发组织起来的民间组织，具有很强的地方性。地缘与业缘是联系帮会内部的主要纽带，其既有封建垄断性质，也具备行业互助作用。船帮会馆也多由民间自主集资而建，以维护行业利益为宗旨。会馆内一般会供奉水神来保佑水运平安，兼具其他功能，行业凝聚力极强。

7.3.1　汉江流域

汉江作为长江最大的分支，水上贸易繁华，但汉江水势汹涌，古来在汉江流域经营的船帮多在岸边集资建庙以求平安。整个汉江流域几乎遍布祭祀杨泗的庙宇，部分庙宇也兼作船帮会馆使用，提供同乡聚会的各类服务功能。

7.3.1.1 陕西安康旬阳县蜀河古镇船帮杨泗庙

旬阳蜀河镇借汉江黄金水道的地理优势，在清中晚期十分兴盛，成为鄂、陕、川的物流集散之地，各地商贾聚集于此。

杨泗庙船帮会馆位于安康市旬阳县的蜀河古镇之内，其建筑年代大概在乾隆年间之前。清初之后，各地的商品经济发展迅速，带动物流行业的发展。其由当时蜀河镇八大商会之一的船帮内的船主与船工集资而建，来作为帮会议事、行业商议等的场所。船帮会馆位于蜀河镇较边缘的位置，东侧紧挨着蜀河，会馆的山门外几步之遥就是当时的码头，交通十分便利，南侧则临近汉江，使得会馆成为两条河流上货运商船的必经之地。

会馆内部保存十分完好，但其中戏楼在清同治年间曾被焚毁，于光绪五年得到重修。解放后长期作为当地粮站使用，内部曾做简单改建。直到 2004 年其产权划归旬阳县文化旅游局，2008 年被核批为省级文物保护单位（图 7-9）。

7.3.1.2 陕西商洛丹凤县龙驹寨船帮会馆——平浪宫

龙驹寨今位于交通要冲的丹凤县，因“北通秦晋，南结吴楚”的优越地理位置，自古便为物流集散之地。此地船帮会馆建于清嘉庆二十年，位于县内西南方位，丹江北岸，为当地船工船商集资修建，共占地 5460 平方米，极为富贵精巧。由正殿、东西厢房及戏楼组成，以戏楼最为精彩，曾属龙驹寨“十大会馆”之首（图 7-10、图 7-11）。

图 7-9 蜀河船帮杨泗庙

图 7-10 龙驹寨平浪宫入口

图 7-11 龙驹寨平浪宫戏楼

7.3.1.3 河南淅川县荆紫关平浪宫

河南淅川荆紫关镇平浪宫建于清崇德三年（1638年）是全国保存最完整的杨泗爷神庙。此庙为当时船工船商集资而建。如今的平浪宫有房舍五座，分前、中、后三宫和耳房，门前两边分别是钟楼和鼓楼。前宫三间，属硬山式建筑，宫门上有一块大理石竖匾，上刻“平浪宫”三个字（图7-12）。

图7-12 荆紫关平浪宫鸟瞰

平浪宫作为船帮会馆，又是福建会馆，带有明显的水域文化。大门距离街面有七步台阶之高，因此与周围的建筑相比，尤其高大醒目。整个大门展示了闽浙建筑风情。平浪宫名字的由来，表达了船工们的祈愿。

7.3.2 巴蜀地区——王爷庙

王爷庙作为行业会馆的一种重要类型，在清代的巴蜀地区有着广泛的分布，其背后的行业组织以船帮组织为主，多为船帮会馆，与川江流域水路运输有着极为密切的联系。

独特的自然地理环境孕育了巴蜀地区历史悠久且内涵丰富的水神信仰体系，而作为水神崇拜的物质载体，大到江河小到沟渠均有守护的神灵与庙宇。巴蜀地区的水神信仰体系大体有江渎神信仰、龙王信仰、镇江王爷信仰等三种主要类型，依次对应江渎神庙宇、龙王庙以及王爷庙。

历史考证与现存的王爷庙大多沿江分布，集中于长江、沱江、渠江、乌江、涪江、岷江、嘉陵江七条主要水系及其支流。巴蜀地区王爷庙的分布与水路运输网络的高度重合是其他祠庙会馆所没有的独特现象（表 7-5）。

表 7–5 巴蜀地区现存王爷庙

流域	流段	建筑地点	别称	建筑年代	祭祀对象	基本形制	所属行帮
长江	干流	重庆扇沱	紫云宫	乾隆	杨泗	四合院	船帮
	綦江	重庆綦江东溪	无	乾隆	镇江王爷	四合院	船帮
	塘河	重庆江津塘河	紫云宫	不详	镇江王爷	四合院	船帮
	干流	重庆江津白沙	紫云宫	不详	镇江王爷	四合院	船帮
	干流	四川泸州沙湾	无	嘉庆	镇江王爷	四合院	船帮
	干流	四川泸州瓦窑堡	清泉寺	乾隆	镇江王爷	四合院	船帮
	永宁河	四川泸州乐道	无	道光	镇江王爷	四合院	船帮
岷江	府河	四川成都黄龙	镇江寺	乾隆	杨泗	四合院	船帮
沱江	干流	四川自贡自流井	无	咸丰	赵昱	四合院	盐帮
	干流	四川自贡牛佛	无	咸丰	镇江王爷	四合院	船帮
	干流	四川自贡富顺	无	同治	赵昱	四合院	盐帮
涪江	干流	重庆铜梁安居	紫云宫	乾隆	镇江王爷	四合院	船帮
	干流	四川绵阳郪江	无	嘉庆	镇江王爷	四合院	船帮
渠江	干流	四川达州三汇	紫云宫	光绪	杨泗	四合院	船帮

7.3.3 西江流域——护龙庙

广西玉林市船埠村内的护龙庙建于村角西隅，属于船帮会馆。据传这座护龙庙是由船埠当地的商家们集资兴建的，因为来往船埠的商户们大多走船运，所以商户们都希望得到神灵庇佑。护龙庙作为船埠众多建筑遗址中重要的一部分，已被列为玉林市文物保护单位（图 7-13）。

图 7-13 护龙庙大门

护龙庙作为船帮会馆的一种，不仅承载着人们对于平安往来的美好祝愿，也是当时先进建造工艺和建筑风格的实体见证。

7.4 药帮会馆

药帮会馆的形成与药材贸易的兴盛有着密不可分的关系，明清时期，安国（古称“祁州”，河北省县级市）、樟树（江西省县级市）、禹州（河南省县级市）、亳州（安徽省地级市）因为繁盛的药材交易市场而并称“四大药都”。而随着四大药市规模的进一步扩大，出现了药材行业的商会组织，其中以“十三帮”最为著名。

“十三帮”是全国著名药材商帮，他们以地域自发组成帮会，共计十三帮。“十三帮”这一名称最早形成于祁州药市（即安国药市）。据清同治四年（1865年）安国县药王庙内《河南彰德府武安县合帮新立碑》记载，“凡客商载货来售者，各分以省，省自为帮，各省共得十三帮。”碑文中所记载的十三帮为京通卫帮、山东帮、山西帮、西北口帮、怀帮、彰武帮、古北口帮、陕西帮、川帮、宁波帮、江西帮、亳州帮。[1] 这些药帮所经营的范围以及相关会馆见表7-6。

表7–6 十三帮经营范围与所建会馆

十三帮	经营范围	所建会馆
京通卫帮（“京帮”）	北京、通州、天津一带的药商，约310人。著名字号有北京的同仁堂、千芝堂、同济堂，天津的隆顺榕、聚兴合、万年青等	
山东帮	120户左右，来货主要是银花、清半厦、阿胶等	
山西帮	包括山西和部分陕西药商，约140户。主要来货是羚羊角、枸杞、冬花、小茴香等	禹州山西会馆
西北口帮	张家口、呼和浩特、包头一带药商，30户左右，主货为当归、凉州大黄、麝香等	
古北口帮	承德、八沟一带药商，约130户	
陕西帮	陕西、甘肃、宁夏药商，约10户	
怀帮	河南怀庆一带药商，80余户	禹州怀庆会馆、沁阳怀庆府药王庙、山西怀覃会馆、汉口药王庙
彰武帮	彰德、武安一带药商，190户左右，来货以白芷、桃仁、杏仁为主	
亳州帮	安徽亳州药商，90户左右，主货为亳菊花、亳白芍、故子等	
川帮	四川药商，著名字号有五洲药庄，来货主要是川贝、川云皮等	
宁波帮	浙江宁波一带药商，如昌记号等	北京鄞县会馆（四明会馆）
江西帮（樟树帮、建昌帮）	江西、云南、贵州等地药商，20多户，来货主要是朱砂、黄连等	江西三皇宫
禹州帮	禹州一带药商，如新福兴药庄	药王祠

注：其他药帮会馆（合建）：禹州十三帮会馆、安国县药王庙（楷体为现存会馆）。

1 许檀．清代河南、山东等省商人会馆碑刻资料选辑 [M]．天津：天津古籍出版社，2013.

这些药商在长期的药材贸易中为了维护自身的利益而组建帮会。他们通常以四大药都的药材交易市场为据点建立各自的帮会会馆。随着行业的蓬勃发展，一些药帮的辐射范围逐渐延伸至全国各地，会馆的身影也随之遍布全国。例如，在湖北武汉、河南禹州、山西都可见怀庆药帮组建的会馆“怀庆会馆”。此外，还有一些会馆由多个药帮集资合建，如河北安国市药王庙、禹州十三帮会馆。

7.4.1 江西帮与三皇宫

江西最主要的两个药帮是樟树帮与建昌帮，合称“江西帮”，其兴起与樟树药材市场密不可分。樟树帮作为三大药帮（樟树帮、京帮、川帮合称“三大药帮”）之一，蜚声全国，所兴建的标志性会馆为“三皇宫”。三皇宫最早建于宋朝，顾名思义，是为了纪念伏羲、神农、黄帝三位药神以及历代神医而设，后逐渐成为江西药帮进行药材交易的据点。

三皇宫现存建筑主要有正殿、左右厢房、神殿、戏台，中轴对称，有主有次，形成典型的四合院式布局。大门呈喇叭形，门楼上使用青砖平砌，雕刻着各种人物和走兽的样式。一进入宫门，顶部是木构戏台，正面与正殿相对，正殿为歇山顶建筑，内部供奉伏羲、神农、黄帝三神以及扁鹊、华佗、李时珍、张仲景、孙思邈等历代神医的雕像。它是樟树市药业文化的代表。

7.4.2 怀帮与怀庆会馆

怀庆药帮形成于明中后期，简称“怀帮”，于怀庆府（今河南省焦作市）一带以及禹州药市进行药材交易。怀商们为了方便药业贸易，先后在禹州、北京、汉门等地组建了“怀庆会馆”，将怀药的影响力辐射至全国各地。

7.4.2.1 河南沁阳药王庙——“天下怀商总会馆”

沁阳城内的药王庙，在今河南省焦作市，曾经是全国“四大怀药”的中心，商业贸易非常繁荣。沁阳的药王庙规模宏大，是当时怀商在全国各地建立药王庙的范本。

药王庙最具艺术价值的便是木牌楼，于 1801 年建成，落在底层的石台基上，三开间。四根立柱的柱脚前后以抱鼓石固定，最为精致的莫过于前后额枋上的华板，均为木刻透雕。其雕刻内容以人物故事或象征吉祥的祥龙瑞兽为主题，再附以金边装饰，精致华丽，有极高的艺术价值。它是繁荣的怀药经济的见证，是怀商的精神象征。

7.4.2.2　河南禹州怀庆会馆

禹州怀庆会馆创建于清同治年间，会馆建造所用的砖上刻有“怀帮”二字，所以又称“怀帮会馆”。在全国药商会馆中，禹州怀庆会馆是规模最大、保存最完好的建筑群。建筑中的彩绘是最具特色的部分，内部所有建筑构件遍施彩绘，绘有亚欧非各地人物的头像，是现存清代建筑彩绘的实证（图 7-14）。

图 7-14　禹州市怀帮会馆

7.4.2.3　山西晋城怀覃会馆

怀覃会馆修建于清乾隆年间，在山西省晋城市主城区东巷街，是怀庆药商在山西影响力的标志，现存建筑多是明代所建。建筑群中现存照壁、戟门、舞台、钟鼓楼、大殿、拜亭、耳殿等建筑，大殿前有一对石雕雄狮，高约 3 米，大气磅礴。

7.4.3 其他药帮与会馆

7.4.3.1 安徽亳州江宁会馆

江宁会馆位于亳州市古泉路，会馆坐北朝南，是典型的四合院形制。正立面山门三开间，正门上方匾额内部青砖上刻有“江宁会馆”。戏楼与大殿南北相望，而且汇集了南、北方的风格，华丽而别致。钟鼓楼分别位于东西两侧，有鲜明的亳州地方建筑风格（图 7-15）。

图 7-15 亳州江宁会馆

7.4.3.2 河南禹州十三帮会馆

十三帮会馆是一个规模庞大的建筑群，位于禹州市老城区西北方向，始建于清同治年间，是由十三大药帮集资合建。十三帮会馆与禹州怀帮会馆毗邻而建，虽然规模庞大，但是华丽程度与怀帮会馆相差甚远，因而有“十三帮一大片，不如怀帮一个殿”之说（图 7-16）。

图 7-16 禹州十三帮会馆

7.4.4 药帮会馆的现状

近代以来，中国饱受侵略和战乱之苦，经济凋敝，再加上西方医疗体系的引入，传统的药材交易市场逐渐消失，而药帮会馆作为药业兴盛的标志，也逐渐失去了其存在的现实意义。如今大多数的药帮会馆已经逐渐毁坏消失，难觅其踪。只有少数药帮会馆得以保存下来，向我们无声地讲述着那个药业繁盛的时代。

8 明清会馆的传承演变与精神意义

8.1 明清会馆的传承与演变分析

8.1.1 会馆建筑的形态特征比较

8.1.1.1 地方宫庙与会馆建筑的形态特征比较

外省的具祭祀性质的宫庙比具会馆性质的宫庙数量少，且规模形制较小，由于商业经济的发展及移民增多的影响，最初纯粹以祭祀性质建立的宫庙在后期发展中不可避免地会转化为拥有会馆性质的建筑。

虽然两者都以乡土神祇作为主要祭祀对象，但以祭祀性质为主的宫庙建筑相对朴素，而具会馆性质的建筑装饰则更加华丽，且具有标志性。以江西小布镇万寿宫、江西抚州会馆建筑为例进行比较，可以看到两者拥有同样的祭祀对象，都祭祀许真君。但万寿宫更加注重祭祀性，在建筑布局上其高大的牌坊式山门不位于轴线最前端突显标志性，而是处在建筑内部，在戏台后面与正殿合为一体；在建筑装饰上，山门装饰则较为简洁，运用红、金等色彩装点空间，较为低调。相对于万寿宫，江西会馆则注重华丽性、标志性，建筑布局中的山门、戏台、正殿等建筑单体规模都更加宏大，且山门位于轴线的前端，极具标志性；在建筑装饰上，山门石雕精致、华丽、张扬，让人印象深刻。从万寿宫到江西会馆，传承的不仅是文化，还包括丰富多样的建筑技术和装饰艺术。

8.1.1.2 不同地域会馆建筑的形态特征比较

不同于只以祭祀为主要功能的地方宫庙，会馆是在移民和商帮环境下同乡人在异地建造的产物，其建筑不仅包含祭祀地方神祇的功能，也包含同乡人聚会联谊的功能。因此其既具有江西本地祭祀性庙宇的特征，也受到当地建筑文化的影响，同时具有“原乡性”和“地域性”特征。不同地域的会馆建筑最后呈现出来的建筑布局、规模形制、装饰艺术等方面都不尽相同，既反映出迁出地的原乡性特征，也反映出迁入地的地域性特征。

（1）原乡性特征

以黄州会馆为例，其源于湖北黄麻一带的帝主信仰。北宋时期在麻城五脑山修建的麻城帝主庙可以说是后来外地众多黄州会馆甚至湖广会馆的原型参考。对比麻城帝主庙与旬阳黄州会馆、黄龙黄州会馆、樊城黄州会馆、重庆齐安公所的山门，可以发现原乡文化清晰的痕迹。山门作为整个建筑群的门面，是原乡文化最为浓缩一个标识（图 8-1）。

原乡的痕迹在封火山墙的造型上也有所体现，麻城帝主宫的山墙造型是以雕刻龙的形式呈现的，其山脊处用了非常象形的手法来塑造龙身的形象。而旬阳黄州会馆、重庆湖广会馆建筑的禹王宫与齐安公所的山墙也是这种形式的延续，且成都洛带禹王宫的则将这种形式直接运用到山门上（图 8-2）。

另外，在各处的湖广会馆中都可以看见颂扬大禹、帝主等神祇的匾额与书法楹联。他们赞誉故乡，把故乡的图腾融入雕刻中，将故乡的典故付之于刻刀间，将故乡的名字琢于砖石中，以此慰藉心中对故乡的不舍与思念。除此之外，湖广移民在建造会馆时为了表达思乡之情，同时展示本土地区的经济实力，甚至不远千里从家乡运来木料，这种情况直到移民者融入移民迁入地的社会环境才逐渐消除。

（2）地域性特点

受移民地的异乡因素影响，建造于各地的明清会馆建筑的造型也会存在不小的差异性。以建造于同一时期不同地点的湖广会馆为例进行比较，可以看到北方及西南地区的湖广会馆建筑在空间序列、建筑单体形式、装饰细部等方面展现出各自的特色。

在空间序列方面，地处中部地区的宣化店湖广会馆使用的是比较普遍的戏楼—拜殿—正殿序列；而北方的北京湖广会馆则取消了拜殿，增加了后殿；在西南的重庆禹王宫将戏楼推至正殿后位，并增加

麻城帝主庙

旬阳黄州会馆

黄龙黄州会馆

樊城黄州会馆

重庆齐安公所

图 8-1　不同湖广会馆的山门造型对比

麻城帝主庙

麻城帝主庙龙形山墙细部

重庆齐安会馆

旬阳黄州会馆

洛带禹王宫山门

图 8-2　各地湖广会馆的封火山墙造型对比

了后殿。

在建筑单体形式上，北方的湖广会馆建筑类似于北方封闭的四合院造型；南方的会馆则多为飞檐翘角，显得更加轻盈灵动。可以看出，湖广会馆各具特色，与所处的本土文化有关。

在神祇信仰上，北方地区的北京湖广会馆的正殿为文昌阁，除祭祀乡神外，还祭祀家乡的乡贤，以祈祷文运昌盛，体现出北方移民的仕宦文化以及对入世为官的追求；西南地区的重庆禹王宫正殿仅祭祀大禹，以祈求生活平安。

在建筑装饰上，三所湖广会馆的建筑装饰具有明显的差异，可以看出其中的地域色彩特色。北方的湖广会馆装饰以旋子彩绘为主，配色主要是红绿蓝；西南的重庆禹王宫则沿用传统楚地配色，即以红黑金为主；中部的宣化店湖北会馆装饰则显得比较朴素、常规。而对于一些特殊装饰，北京湖广会馆偏官式建筑风格，从门钉到瓦座都类似于北方四合院的做法；重庆禹王的龙头斗拱则极尽装饰，展示了南方工匠精湛的手艺；宣化湖北会馆某些窗户使用了砖石拱券过梁，显得比较中庸。

综上所述，不同地域的湖广会馆造型受原乡和异乡建筑风格的双重影响，是湖广地区和移民地建筑风格相互融合的结果。

8.1.2　会馆传承与演变的影响因素

通过上文对地方宫庙及会馆建筑的相互比较，我们可以看出不仅会馆建筑之间存在着一定的传承与演变关系，在地方宫庙和会馆建筑之间也存在着一定的传承与演变关系，使得地方宫庙与会馆建筑有着千丝万缕的联系，且又具有各自的特点。

8.1.2.1　原乡文化的相似性

不管是地方宫庙还是会馆建筑，其建立者都是原乡居民，作为在相同的地域文化影响下的人民，不管其身份高低、财富多少，必然有着相同的乡土观念，包括相同的地方神祇信仰文化和建筑民俗文化等多种原乡文化。作为各地原乡文化思想载体的民众，不管是为了祭祀地方神祇还是为了联络乡谊、维护同乡利益而建立地方宫庙或会馆建筑，在原乡文化的影响下，必然都会产生很多相似性。例如，万寿宫、江西会馆因共同的地方神祇信仰产生的许真君殿，建筑中具有特色的马头墙等，都是原乡文化传承的结果。

8.1.2.2 地域文化的差异性

这里的地域文化是指建筑所在地所形成的建筑文化、民俗文化、宗教文化、戏曲文化等多种他乡地域文化。明清会馆建筑作为多种原乡文化的物质载体，在陌生的环境中，其文化不可能是永恒不变的，而在原乡文化和他乡文化的碰撞、融合等过程中产生了建筑文化的差异性，使其不仅具有“原乡性”，还具有“地域性”，因此呈现的建筑形态是文化选择的结果。

8.1.2.3 原乡的材料、工艺等技术的传承

原乡的营造工艺、材料等作为原乡建筑文化的一种，在移民及建造会馆的过程中也随之传播，是其建筑相似性的重要原因。在有条件的前提下，民众会使用原乡的材料和建造工艺来建造会馆建筑。如贵州湄潭万寿宫山门和正殿等重点建筑，除了使用贵州本地砖外，还有一部分使用江西原产的彩色釉砖。因此，江西会馆曾规定：“凡江西商人经商于此，脚夫必驼釉砖一块作为入市凭证。”[1]

8.1.2.4 建筑改造的客观限制

在调研和资料收集中，我们可以发现，由于财力、精力等因素，数量众多的会馆建筑并不都是全部重建的，很多会馆建筑可能由学堂、民居、祠堂等其他建筑改建而来，这些建筑的建筑形制、平面布局、装饰艺术等不仅受到功能和地域文化的影响，也受到原身建筑的客观局限性的影响。例如丰城万寿宫由学堂改建而来，由于布局的局限没有戏台。

---

1 周开迅主编，曹前军等撰稿，中国人民政治协商会议湄潭县委员会编．贵州商业古镇永兴 穿越时空的财富 [M]．贵阳：贵州人民出版社，2006.

8.1.2.5 地理环境的客观因素

这里的地理环境客观因素主要是指建筑的周边环境和所处地貌等。这极大地影响了建筑的布局特征。如思南万寿宫处在乌江边上的山地上，建筑从街道到进入建筑距离较长，临街建有临街山门以增加仪式感和化解长距离台阶的乏味感，同时也是由于地形的限制，不能对称布置，只有轴线一侧布置有其他建筑。而镇远万寿宫位于地处陡峭的中和山，建筑在山脚下沿等高线布局，由于地形限制，建筑开间较小，同时为了增加观演院落空间，在纵深上拉长院落。再如重庆走马镇山西会馆，由于建筑位于山脚下，根据山体的等高线垂直布置建筑轴线，因此建筑的朝向没有按照整个城镇的建筑肌理，顺应了山势的走向建立了会馆，不过建筑的大体格局依然采用了坐北朝南的形式。

8.1.2.6 建筑功能和建造目的、建造者的差异性

对于以祭祀地方神祇为主要功能的宫庙或会馆建筑而言，正殿为最重要的空间，戏台主要作为正殿祭祀空间的附属空间而存在，因此其正殿为最重要的营造和装饰空间。例如，明朝以前的禹王宫一般没有戏楼，因为明朝以前的移民以生存移民为主，他们以对大禹的共同信仰为联结，在移民地修建禹王宫（庙），生存的需求是优先考虑的，共同的信仰产生的凝聚力使得移民能够共克时艰，而看戏等娱乐活动不在考虑范围内；很多万寿宫里面也没有戏台或者戏台装饰较为简单。而在江西会馆中，戏台不仅作为酬神的工具，还是“娱人”的重要手段，其重要性不亚于正殿祭祀空间，甚至高于正殿，因此其戏台建筑往往装饰华丽，甚至存在多个戏台。

同时，会馆建筑作为同乡人在异乡重要的乡土认同场所，代表着同乡人的脸面和标志，因此人们往往会不遗余力地建设它，使其甚至比一般的地方宫庙更加华丽而具有标志性。这里的建造者指的是主要的出资者和决定者，建筑建造者的财势、地位、审美等因素同样造成了建筑形态的差异性。财力是影响建筑规模、装饰的重要因素，而地位则影响其选址。比如，江右商帮出资的万寿宫、江西会馆建筑往往

规模较大、装饰华丽。

总而言之，地方宫庙之间最主要的是文化的传承，而从地方宫庙到会馆建筑和会馆建筑之间，则不仅是文化的传承，更是文化和技术的双重传承。这些根植于相同文化背景的地方宫庙、会馆建筑在广泛分布和建立的过程中，不仅受到旧有建筑、地域环境、建造目的、建造者、建筑功能等多种因素的影响，还受到他乡地域文化的影响，使得这些地方宫庙、会馆建筑在保持千丝万缕的联系的同时，呈现出不同的建筑形态，展现出建筑的传承与演变。

8.2 会馆的社会文化意义

明清会馆建筑是时代的产物，如今逐渐走向消亡，究其缘由，与社会的经济、科技、文化、政治的发展密不可分。其一，各地商帮作为明清会馆建筑的主要缔造者，随着外来资本主义势力的入侵和冲击，由于其自身的内在局限性而逐渐衰落；其二，随着社会的发展，人们逐渐了解自然、认识自然，遇到自然灾害时不再依赖神祇的力量，因而信仰和神祇文化在人们心目中的地位逐渐下降，以致会馆的新建及使用情况减少；其三，随着移民逐渐融入当地社会，文化隔阂慢慢消失，作为精神寄托和文化认同的会馆功能逐渐减弱；其四，受到近代战争的影响，大量会馆被损毁破坏，且由于缺乏保护意识，仅存的一些建筑在改造过程中变得面目全非。

然而会馆建筑在今日仍然具有其独特的精神文化价值。遍布全国的会馆建筑并不是短期内形成的，明清时期，由于国家政策、自然环境、社会变化等多方面的影响因素，会馆建筑从地方走向全国，在这个过程中，地域文化和外来文化产生碰撞，形成多种文化融合的现象，随着时代的发展，文化融合的过程和结果的差异性，使得中国明清会馆建筑在建造、重建、重修、扩建等过程中不断受到多种不同且变化的文化因素的影响。这使得各地会馆建筑的建筑形制、造型、营造技艺、材料、装饰等在保持原乡文化特征的基础上不断融合地域文化，积极吸收新颖的建筑手法，从而形成别具特色的建筑风格，以致中国明清会馆的建筑景观形成一幅和而不同的大场景。在中国明清会馆建筑兴衰的这一时期，建筑建造的过程中不断融入宗教文化、移民文化、商帮文化、民俗文化、历史文化，建筑的产生和兴衰是这些多样文化共同影响下的产物，也是这些文化的共同载体和重要见证者，从建筑的各个方面可以洞悉其背后的多种精神文化意义。

8.2.1 明清会馆的精神文化

8.2.1.1 神祇文化

明清会馆建筑中的重要功能就是以乡土神及行业神为主的祭祀，乡土神所处的宗教文化体系使得会馆建筑中蕴含着各种宗教文化内涵。其中，万寿宫祭祀的许真君为道教神祇，因此在建筑群体上表现为道教神祇的祭祀殿宇，如许真君殿、谌母殿、三官殿、三清殿等；在建筑的布局上体现“天人合一”的道教思想，使建筑与周边环境相融合。而关帝庙祭祀的关帝信仰集儒、释、道于一体，因此以关帝祭拜为主的山陕会馆可以说在精神层次上是各种庙宇风格的融合，其中有儒家的代表性牌匾“履中”“蹈和”，有道家中的龙纹饰，以及佛家的须弥座等。

在地域文化的影响下，各种会馆建筑也会祭祀其他神祇，因此建筑也会同时体现出其他类型的宗教文化内涵。比如，一些江西会馆建筑除祭祀许真君外，还祭祀观音等佛教神祇，使得建筑同时蕴含佛家文化。

8.2.1.2 移民文化（族群融合）

不少明清会馆建筑的产生与移民背景密不可分，其建筑的建造就是移民文化最好的见证。会馆建筑的移民文化形成于原乡文化，但区别于原乡文化的稳定性，由于其思想载体为流动的原乡人，移民文化不仅包含原乡文化，同时也蕴含着移动和落地过程中产生的新文化，在建筑上表现为与原乡建筑相似同时又融合不少移民地的建筑特色，甚至会将移民场景作为会馆建筑的特殊装饰题材。

8.2.1.3 商帮文化

各地商帮既是明清会馆建筑建立、重修、重建过程中的主要推动者，也是后期会馆建筑的日常管理者及运营者。因此，明清会馆建筑的传承与演变也是商帮发展的见证者。在建筑的营造以及华丽的装饰艺术中都蕴含着各地商帮的文化内涵。

8.2.1.4 民俗文化

明清会馆建筑同样蕴含着社会重要的民俗文化，能够反映出当时的社会风俗习惯。例如，江西会馆在建筑装饰上多运用表达美好愿望或者象征祝福的装饰题材，如“龙凤呈祥”“福禄寿”“松鹤延年”等装饰题材，表达出人们希望吉祥如意、富贵平安等美好的生活愿望。再如，山陕会馆中独特的动物题材，石雕“二龙戏珠”这一主题在宫殿建筑中极为常见。这一主题也出现在山陕会馆的照壁上，例如在社旗山陕会馆和开封山陕甘会馆的照壁上，不过有别于一般的“二龙戏珠”，这里的“珠”为“蜘蛛”，据说蜘蛛外形像汉字“喜”，有报喜的寓意。

8.2.1.5 时代文化

遍布全国的明清会馆建筑在变化、兴衰的过程中，能够反映出建筑风格和社会文化的演变历程及时代背景。由于战争等历史原因而毁坏的会馆建筑，在重建或扩建的过程中，其形制或多或少会出现变化，而这些重建或扩建必然受到当时社会、经济、文化等因素的影响，当中的神祇祭祀对象也可能发生改变。例如，思南万寿宫，始建于明正德五年，最初称“水府祠”，祭祀对象为江西地方神祇之一的水神萧公，因水患而被毁。清康熙年间和嘉庆年间，在江右商帮的帮助下择址重建，扩其旧址，主祭许真君，兼祭水神萧公和晏公。可以说，建筑的兴衰、重建、扩建、祭祀对象的转变等可以映射出当时所处的独特历史环境。

8.2.2 明清会馆的物质文化

作为承载着多种文化的明清会馆建筑实体来说，其从建筑的选址、布局到建筑的结构、装饰等都是建筑艺术和装饰艺术高度集合的载体，承载着当时工匠的营造技艺和装饰艺术手法。每一处会馆建筑必然是在工匠反复抉择、认真思考下确定的，其最终所展现的建筑形式是该类建筑文化的完善状态，也是与地域相融合的创新性和适应性产物。

会馆建筑在保持本土建筑文化的基础上，会与当地环境和文化相融合。受本土建筑文化影响，会馆在建筑的选址、布局、特征、结构、装饰等方面形成了一套较为完善的建筑文化体系，在各方面都已经发展出较为完善的处理手法，例如选址靠近河边码头，沿轴线和院落布局，营造空间的序列感和仪式感，对高差的处理和利用，对主要原乡建筑特征及精美装饰的保留等。在地域文化影响下，会馆对建筑文化会进行创新和改变。这些都体现出会馆建筑成熟的建筑文化和非凡的建筑成就。

8.3 明清会馆的精神意义在当代的转移和延续

8.3.1 会馆文化展示

现存下来的分布在全国各地的明清会馆建筑，其本身就是一笔非常丰富的物质遗产和精神文化遗产。在调研中可以看到，很多会馆建筑被用作博物馆等，成为旅游文化产业的一部分。在全民旅游的大时代，不管是城市，还是乡村，都在大力发展旅游业，会馆建筑作为广泛遗留在乡村中的重要文化遗产，对当地的文化旅游产业具有很高的商业价值，特别是对具有移民、商帮等相关背景及传统文化情结的人群有着较大的吸引力。

8.3.2 戏曲文化传播

作为城镇或村落中的一种特殊的公共建筑，会馆建筑在城市发展和乡村建设中到底有何价值和意义？通过实地考察发现，一部分会馆建筑依然作为祠庙或会馆供人游览；另一部分的会馆建筑变成博物馆供人们参观，实现了其在现代社会的旅游文化价值。但更多的会馆建筑处于荒废、无人管理或没有实际使用功能的状态。但不管是拥有实际使用功能的，还是没有功能置入的，除了少数会馆仍然保留唱戏功能，其他大多数会馆中的戏台基本上已经失去了其该有的功能，其戏曲文化传播的价值没能得到体现。

会馆建筑中的戏台样式丰富，且戏台的声学设计能够很好地适应当地的戏曲表演需要，例如，在河南的山陕会馆，很多有宽阔的舞台，这是因为在河南地区的戏曲表演中，“所演之腔，乃山西北路帮子，与蒲陕大调大同小异，偶演秦腔，声悲音锐”，这种发源于山陕豫交界地的民间戏种，演唱时多用梆子击打伴奏，需要宽敞的表演舞台。因此，会馆中的戏台可以成为中国传统戏曲文化传播的重要媒介。

戏台在会馆建筑中的最主要功能是酬神和娱人，戏曲表演在古代娱乐文化缺乏的社会情境下是一种丰富人们文化生活和交流感情、传递信息、建立联系的重要手段。在娱乐文化繁杂和乡情薄弱的现代，在社会主义新农村建设中，传扬中国传统戏曲文化，会馆建筑和其戏曲活动是否可以再次成为乡镇中联络乡谊、聚会议事的场所，成为老年人的精神文化中心、孩子们童年的难忘回忆等，成为一个具有历史记忆同时包容现代乡村发展需要的多功能场所，成为构建现代社会主义新农村文化建设的一个重要部分。

8.3.3 当代商帮精神

商帮精神对于当代商人而言是一笔重要的精神财富，如果没有人文精神以及对家乡的认同感和自信感，在当今的商业发展中将缺乏核心竞争力。

在明清会馆中数量最多、建筑最华丽，散布于全国各地有徽商、晋商、广东商、宁波商、陕西秦商、江西江右商、福建泉州商、山东胶州商、湖北黄州商等，其都是当时颇具规模、实力雄厚的商帮，在各地建立的会馆最多。会馆建筑作为各地商帮精神的文化符号，对于建立当代各地商人的文化精神、本土认同有着重要的意义。全国遍布的会馆建筑所彰显出的文化气场和人文精神，体现了各地商人自明清以来所承载的厚重的文化底蕴以及丰富的人文精神源泉。

参考文献

[1] 赵逵 .“湖广填四川”移民通道上的会馆研究 [M]. 南京：东南大学出版社，2011.

[2] 赵逵，邵岚 . 山陕会馆与关帝庙 [M] . 上海：东方出版中心，2015.

[3] 赵逵，白梅 . 天后宫与福建会馆 [M] . 南京：东南大学出版社，2019.

[4] 王日根 . 中国会馆史 [M] . 上海：东方出版中心，2007.

[5] 柳肃 . 会馆建筑 [M] . 北京：中国建筑工业出版社，2015.

[6] 何炳棣 . 中国会馆史论 [M]. 北京：中华书局，2017.

[7] 王志远 . 长江流域的商帮会馆 [M]. 武汉：长江出版社，2015.

[8] 王日根 . 乡土之链：明清会馆与社会变迁 [M]. 天津：天津人民出版社，1996.

[9] 黄仲昭 . 八闽通志・卷五十八 [M]. 福州：福建人民出版社，1990.

[10] 肖一平，林云森，杨德金 . 妈祖研究资料汇编 [M]. 福州：福建人民出版社，1987.

[11] 金桂馨，漆逢源，胡执侗，等 . 万寿宫通志 [M]. 南昌：江西人民出版社，2008.

[12] 方志远 . 明清江右商帮 [M]. 北京：中华书局，1995.

[13] 刘正刚 . 广东会馆论稿 [M]. 上海：上海古籍出版社，2006.

[14] 东亚同文会 . 中国省别全志：影印本 [M]. 北京：线装书局，2015.

[15] 邵岚 . 山陕会馆的传承与演变研究：从关帝庙到山陕会馆的文化视角 [D]. 武汉：华中科技大学，2013.

[16] 程家璇 . 江右商帮文化视野下的万寿宫与江西会馆的传承演变研究 [D]. 武汉：华中科技大学，2019.

[17] 白梅 . 妈祖文化传播视野下的天后宫与福建会馆的传承与演变研究 [D]. 武汉：华中科技大学，2018.

[18] 党一鸣 . 移民文化视野下禹王宫与湖广会馆的传承演变 [D]. 武汉：华中科技大学，2018.

[19] 詹洁 . 明清“湖广填四川”移民通道上的湖广会馆建筑研究 [D]. 武汉：华中科技大学，2013.

[20] 姚舒然 . 妈祖信仰的流布与流布地区妈祖庙研究 [D]. 南京：东南大学，2007.

[21] 周英 . 明清时期江西商人与商人组织研究 [D]. 南昌：南昌大学，2013.

[22] 张璇 . 明清时期江西会馆神灵文化研究 [D]. 南昌：江西师范大学，2008.

[23] 马丽娜 . 明清时期“江西—湖北”移民通道上戏场建筑形制的承传与衍化 [D]. 武汉：华中科技大学，2007.

[24] 黄玥 . 广西粤东会馆建筑美学研究 [D]. 桂林：广西大学，2018.

[25] 郭学仁 . 湖南传统会馆研究 [D]. 长沙：湖南大学，2006.

[26] 张旻雯 . 自贡西秦会馆建筑装饰艺术与文化内涵研究 [D]. 重庆：四川美术学院，2017.

[27] 周鸯 . 试论四大药都形成与发展的影响因素 [D]. 北京：中国中医科学院，2016.

[28] 曹金娜 . 清代漕运水手研究 [D]. 天津：南开大学，2013.

[29] 周平平 . 明清漕运与水神崇拜：以运河山东段为个案的考察 [D].

济南：山东大学，2015.

[30] 马昕茁 . 巴蜀地区行业会馆：王爷庙建筑特色研究 [D]. 重庆：重庆大学，2019.

[31] 朱天顺 . 妈祖信仰的起源及其在宋代的传播 [J]. 厦门大学学报（哲学社会科学版），1986（2）：102-108.

[32] 黄建胜，张凯 . 论明清时期沅水中游地区的商贸发展与江右商人 [J]. 湖南工程学院学报（社会科学版），2012（01）：69-72.

[33] 袁泉，杨铭 . 巴渝地区禹文化源流及其内涵 [J]. 文史杂志，2009，（04）：4-7.

[34] 王日根 . 论明清会馆神灵文化 [J]. 社会科学辑刊，1994（04）：101-106.

[35] 王日根 . 明清会馆与社会整合 [J]. 社会学研究，1994（04）：101-109.

[36] 陈玮，胡江瑜 . 四川会馆建筑与移民文化 [J]. 华中建筑，2001（02）：14-17.

[37] 刘正刚，黄建华 . 清代广东会馆意蕴发微 [J]. 中华文化坛，2008（04）：29-33.

[38] 刘正刚 . 清代四川南华宫分布考 [J]. 岭南文史，1997（03）：28-31.

[39] 赵逵 . 川盐古道上的传统聚落 [J]. 中国三峡，2014（10）：46-61，80-90.

[40] 陶德臣 . 中国古代的茶商和茶叶商帮 [J]. 农业考古，1999（04）：248-252.

[41] 范金民 . 清代山西商人和酒业经营 [J]. 安徽史学，2008（01）：26-29，38.

[42] 王日根 . 地域性会馆与会馆的地域差异 [J]. 中国历史地理论丛，1996（01）：100-116.

[43] 陈正．上海城市发展与会馆建筑的消失 [J]. 都会遗踪，2018（01）：79-94.

[44] 程峰．杯药经济的历史考察 [J]. 焦作大学学报，2006（1）：11-13.

[45] 姜守鹏．清代前期的会馆和手工业行会 [J]. 松辽学刊（社会科学版），1989（01）：29-34.

[46] 朴基水．清代佛山镇的城市发展和手工业、商业行会 [J]. 艺术学研究，2011，5（00）：325-355.

[47] 刘永成．试论清代苏州手工业行会 [J]. 历史研究，1959（11）：21-46.

[48] 本刊编辑．明清时期的行会组织特点 [J]. 中国社会组织，2013（11）：55-56.

广州市园林建设有限公司

广州建筑

广州市园林建设有限公司成立于1979年，是世界500强广州市建筑集团有限公司下属二级企业。公司在广州市园林绿化企业诚信综合评价排名前列，拥有**文物保护施工一级、园林古建筑施工一级、市政公用工程总承包三级、风景园林工程设计专项乙级资质**，2020、2021年度全国城市园林绿化企业50强，是中国建材工业出版社《筑苑》副理事长单位、广东省风景园林与生态景观协会副会长单位、广州市城市绿化协会副会长单位、广州市建筑遗产保护协会理事单位。2001年公司通过ISO质量体系认证以及环境、职业健康安全体系认证，**荣获“中国城市园林绿化建设突出贡献企业”“广东省湿地保护优秀单位”“广州信用一等企业”“广东省诚信示范企业”“广东省优秀园林企业”**等称号。

“以人为本，质量第一，信誉第一，客户至上”是我们的企业宗旨，“求实、拼搏、创新、奉献”是我们的企业精神，“忠诚优质服务，创造美好环境”是我们的工作目标。

企业资质

营业执照
(副本)

营业执照

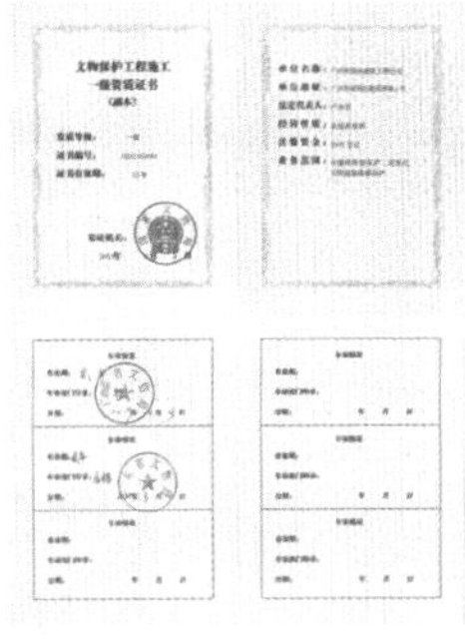
文物保护工程施工一级资质证书

文保一级资质证书

建筑业企业资质证书

古建一级资质证书

安全生产许可证

安全生产许可证

建筑业企业资质证书

市政三级资质证书

工程设计资质证书

风景园林设计乙级资质证书

经营项目

古建文保

宝华山佛文化展示暨杨柳泉古山镇复建设计施工

园林绿化

蕉门河滨水两岸绿道及绿化提升工程

绿化养护

八路一岛（白云大道）养护项目

苗圃基地

苗圃基地——五指峰时花基地

汽车检修

汽车检测与维修——机修厂

房地产物业

房地产开发——瑜舍

物业管理——粤虹大厦

联系信息

公司名称：广州市园林建设有限公司

办公地址：广州市越秀区东风西路161号

电话：020-81955826

传真：020-81949271

邮箱：yjgongsi@163.net

金庐集团
JINLU GROUP

金庐生态建设有限公司
Jinlu Ecological Construction Co.,Ltd.

企业简介
Introduction ↘

金庐生态建设有限公司于2002年8月成立，在董事长刘美娟带领下，公司秉持“以人为本、尊重个性、规范管理、开拓创新”的管理理念，倡导“团结、敬业、拼博”的精神。将大批业务技术过硬、实践经验丰富的专业技术人才聚集在一起，致力于打造一流的大型综合性施工、设计企业。

公司主要从事园林工程、市政工程、城市道路与照明工程、古建筑工程、环保工程等项目的施工，园林设计与科研、花卉、苗木的生产与销售、园林工程养护与管理等业务。公司地处江西省历史文化名城吉安，环境优美，交通便利。公司具备过硬的资质和各专业技术管理人员。

公司现拥有城市园林绿化、市政公用工程施工总承包壹级，古建筑工程专业承包壹级，风景园林工程设计专项甲级，环保工程专业承包贰级，建筑工程施工总承包叁级，城市及道路照明工程专业承包叁级，以及环境污染治理工程总承包生态修复和水污染治理二级资质。

公司成立以来，荣获中国风景园林学会金奖3项、银奖1项、铜奖3项，省杜鹃奖2项、省优良工程奖13项，园林古建筑精品工程3项等各种奖项。

近几年公司除了在传统行业稳步发展，在市政、古建筑、房建、环保、文物保护施工等多个领域深度拓展，先后承接多个专业类别的工程项目，施工技术与质量得到了业主和各行业专家的一致好评。

公司“立足江西、辐射全国”，以优异的产品回馈社会，以“担当责任、坚守诚信、合作共赢、开拓创新、崛起奋进”为使命，坚持“以人为本”的设计理念。不断加强自身建设，完善管理制度，提高经营管理水平，大量引进人才，注重企业文化建设，努力把公司建成一流管理、一流技术水平、一流工程质量、一流服务的综合性企业。

地址：江西省吉安市吉州区沿江路117号
江西省南昌市红谷滩新区红谷中大道1669号华尔街广场15楼
电话：0796-8260328　0791-8662909
邮箱：JLYL88@126.com

《筑苑》丛书

001 园林读本
002 藏式建筑
003 文人花园
004 广东围居
005 尘满疏窗——中国古代传统建筑文化拾碎
006 乡土聚落
007 福建客家楼阁
008 芙蓉遗珍——江阴市重点文物保护单位巡礼
009 田居市井——乡土聚落公共空间
010 云南园林
011 渭水秋风
012 水承杨韵——运河与扬州非遗拾趣
013 乡俗祠庙——乡土聚落民间信仰建筑
014 章贡聚居
015 理想家园
016 南岭之归园田居
017 上善若水——中国古代城市水系建设理论与当代实践
018 园林漫话十二谈
◉ 019 中国明清会馆